成为AI高手

从DeepSeek开启高效能

常青——著

人民邮电出版社

北京

图书在版编目（CIP）数据

成为 AI 高手：从 DeepSeek 开启高效能 / 常青著.
-- 北京：人民邮电出版社，2025. -- ISBN 978-7-115
-67050-2

I. TP18

中国国家版本馆 CIP 数据核字第 2025BL5817 号

内 容 提 要

在 AI（人工智能）快速迭代的时代，如何将 AI 真正转化为生产力？本书以 DeepSeek 为切入点，全面系统地揭秘 AI 应用的实战路径。全书分三大板块：首先帮助读者快速建立 AI 思维模式和交互技巧；然后深入职场、学习、创作等多元场景，详解利用 AI 提升效率的具体方法；最后突破常规应用，探索 AI Agent、智能编程、本地部署等前沿领域。

无论你是职场人、创意工作者还是技术爱好者，都能从本书中找到专属于自己的 AI 能力进阶指南，从零基础到得心应手，全方位释放个人潜能。

- ◆ 著　　　　常　青
  责任编辑　侯玮琳
  责任印制　陈　犇
- ◆ 人民邮电出版社出版发行　北京市丰台区成寿寺路 11 号
  邮编　100164　电子邮件　315@ptpress.com.cn
  网址　https://www.ptpress.com.cn
  文畅阁印刷有限公司印刷
- ◆ 开本：880×1230　1/32
  印张：7.625　　　　　　　　2025 年 7 月第 1 版
  字数：187 千字　　　　　　　2025 年 7 月河北第 1 次印刷

定价：59.80 元

读者服务热线：(010)81055410　印装质量热线：(010)81055316
反盗版热线：(010)81055315

如果说 2025 年春节期间有一个词让你印象深刻，那一定是 DeepSeek。这款 AI 大模型由我国 AI 公司深度求索于 2025 年 1 月发布，一经推出便迅速登顶中、日、美三国 App Store（App 商店）榜单。

在写完《AI 效率手册：从 ChatGPT 开启高效能》时，我曾以为 ChatGPT 已是 AI 领域不可逾越的巅峰。然而，DeepSeek 的横空出世，却再次刷新了我的认知。

如果你体验过 DeepSeek 或相关 AI，你一定会有这样的感觉：它和之前你用的 AI 大模型（如豆包、Kimi、文心一言，甚至 ChatGPT 等）有些不太一样。相较于这些 AI，它似乎更能读懂你的心思，洞察你的需求，为你提供精准到令人咋舌的回答和建议。

其实，这种"懂你"的体验并非偶然，而是 DeepSeek 引爆的全新技术范式的魅力所在。AI 的能力因这种范式达到前所未有的高度，它带来的不仅是技术突破，更彻底改变了我们使用 AI 的方式，并为我们的工作和生活开启了无数全新的可能。

因此，这本书既是上一本《AI 效率手册：从 ChatGPT 开启高效能》

精彩的延续,也是我深入探索 DeepSeek 及其应用后的结晶。

这本书有何独特之处?

本书的使命不仅仅是教授 DeepSeek 的使用技巧,更致力于指导你全方位融合 AI 至工作与生活,充分释放其潜能,实现切实的价值提升。以下是本书的三大核心特色。

1. 跳出工具本身,聚焦场景驱动

本书不是一本冷冰冰的工具手册,而是场景驱动的 AI 应用指南。我要告诉你的是,它能在实际的生活和工作中发挥什么作用。比如:

- 我是一名产品经理,如何用 DeepSeek 优化产品设计、提升用户体验?
- 我是一名设计师,如何用 DeepSeek 激发创意、提高设计效率?
- 我是一名销售员,如何用 DeepSeek 分析客户心理、提升销售业绩?
- 我是一名运营人员,如何用 DeepSeek 实现流程自动化、提升ROI(投入产出比)?
- 我是一名大学生,如何用 DeepSeek 高效学习、抢占职业起跑线?
- 我是一名创作者,如何用 DeepSeek 创作内容、高效出爆款?
- ……

本书摒弃空泛理论,聚焦实战应用,通过翔实的应用场景案例和具体操作方法,帮你快速掌握个性化的DeepSeek用法,提升你的工作效率和创造力。

2. 解锁 AI 全生态体系，放大组合效应

技术和信息壁垒限制了大多数人对 AI 的认知，他们往往将 AI 等同于 DeepSeek 或 ChatGPT 这类网页版软件和 App，这种肤浅的理解恰恰是对 AI 世界最大的误解。

正如吕布之所以无敌，并非仅凭一柄锋利的方天画戟，而是依靠其超凡的武艺与赤兔马等全套装备的完美契合。同样，要想真正发挥 AI 的生产力潜能，单凭 DeepSeek 这把"利器"是远远不够的。唯有将其与其他 AI 工具和应用场景巧妙融合，方能激发出令人惊叹的"组合技"效果。

本书将为你全面揭开 AI 的神秘面纱，帮助你构建完整的 AI 生态体系，并传授给你如何精准组合各类工具，实现 AI 能力的最大化。除了文本生成领域，我们的探索将延伸至更广阔的应用场景。

- AI 多模态：深刻全面理解并掌握 AI 在处理声音、图像、视频等全模态下的场景和运用。
- AI 编程：教你用 AI 辅助编程，快速开发工程项目。
- AI 自动化：掌握如何用 AI Agent 全自动化你的工作，提升工作效率。
- AI 私有部署：教你如何在个人应用或企业中打造高度定制化的 AI。

3. 从入门到精通的系统化路径

本书完全为非技术背景的读者设计，保证内容系统、全面、实用的同时，亦做到了语言通俗、结构清晰、循序渐进。本书共分为三大板块。

- 第一板块：AI 交互方法论与技能进阶。

我将以 DeepSeek R1 为实践载体，深入解析全新的 AI 交互范式和高

级技巧，系统性构建你的 AI 思维底层逻辑。我不仅会手把手教你技能，更会培养你面对任何 AI 场景时的灵活应变能力，让你真正做到知其然，并知其所以然。

- 第二板块：AI 实战场景解析与效率提升。

基于第一板块奠定的方法论基础，联动多元 AI 工具，全景展现 AI 在职场、学习和日常生活中的落地路径。我精心设计了众多实战案例，让你可以即学即用，快速提升效率。

- 第三板块：AI 高阶应用与生产力革命。

我将聚焦于极具变革性的 AI 应用前沿，如 AI Agent、智能编程、本地化 AI 部署、知识库构建等，通过深入浅出的解析，助力你突破传统生产力天花板，实现跨越式的能力提升。

总之，无论你是职场人，还是学生，这本书都能为你量身定制最适合的 AI 进阶路径，引领你从零基础，平稳而迅速地迈向 AI 应用的新境界。

目录 CONTENTS

第一部分　DeepSeek从入门到精通

第一章　极速入门：零基础掌握DeepSeek精髓
一、为什么DeepSeek会让你感觉不一样？ ……… 012
二、如何使用最新推理型 AI？ ……… 015
三、如何高效使用推理型 AI？ ……… 017

第二章　进阶技巧：四大策略全面释放DeepSeek潜能
一、如何高效地向 AI 提问？ ……… 030
二、如何高效地向 AI 描述问题？ ……… 034
三、如何更好地对 AI 提要求？ ……… 040
四、如何减少 AI 幻觉（"胡说八道"）？ ……… 048

第三章　底层思维：一个策略让 AI 为你创造实际价值
一、什么是运用 AI 的意识？ ……… 054
二、162个 AI 实践场景 ……… 055

第二部分　用AI百倍提升工作效率！

第四章　智能助力：让你每天早下班的AI工作流
　　一、挖掘具体场景的底层逻辑 ……… 084
　　二、延伸场景用法 ……… 087

第五章　文档处理专家：轻松应对各类烦琐文档的AI方案
　　一、用AI让Office更高效 ……… 094
　　二、用AI轻松管理知识和文件 ……… 095
　　三、效率全开，AI批量处理任务 ……… 098

第六章　专业分析师：从"小白"到专家，AI辅助生成研究报告全攻略
　　一、如何用DR获得高质量研究报告？ ……… 102
　　二、DR有哪些适用场景？ ……… 105

第七章　可视化利器：用AI打造完美PPT
　　一、如何用AI高效设计PPT？ ……… 110
　　二、如何用AI高效制作可视化图表？ ……… 113
　　三、如何用AI生成大量图片素材？ ……… 119

第八章　设计助手：AI让你零基础秒变专业设计师
　　一、如何用AI高效设计海报？ ……… 124
　　二、如何用AI生成故事绘本？ ……… 133
　　三、如何用AI一键修图？ ……… 142

第九章　内容创作助手：AI高质量文案创作方法论
　　一、AI高质量文案生成流程实操 ……… 146

二、高质量文案场景延伸 ········ 153
　　三、其他场景的文案生成 ········ 155

第十章　视频制作加速器：快速制作可变现的高质量视频

第三部分　AI自动化与高阶应用

第十一章 AI自动化：告别重复劳动的AI自动化方案
　　一、认识 AI Agent ········ 180
　　二、如何配置工作流？········ 187

第十二章 AI编程：零编程基础也能打造可变现软件
　　一、简单场景——基础小工具实现 ········ 200
　　二、进阶场景——网页端程序实现 ········ 203
　　三、复杂场景——软件级程序实现 ········ 209

第十三章 本地部署：打造完美的私人AI助手
　　一、调用 API 部署 ········ 218
　　二、完全本地部署 ········ 224
　　三、本地部署的好处 ········ 229

第十四章 通用型Agent：Manus彻底解放你的双手
　　一、如何获得通用型 Agent 工具？········ 234
　　二、如何使用通用型 Agent？········ 234
　　三、人机互动完成复杂任务 ········ 237
　　四、如何把 Agent 用得更好？最佳实践案例 ········ 240

第一部分
DeepSeek从入门到精通

第一章

极速入门：
零基础掌握 DeepSeek精髓

知识要点

❶ 为什么DeepSeek会让你感觉不一样？

❷ 如何使用最新推理型AI？

❸ 如何高效使用推理型AI？

AI 的世界正在以前所未有的速度演变，而我们每个人都身处这场巨变的浪潮之中。在前面的序言中提到，DeepSeek 的发布震撼了全球科技界，也让全世界对这款来自中国的 AI 刮目相看。

但如果你稍作停留、认真思考，也许会发现一个更有趣的问题：为什么一款 AI 能让全球科技巨头如临大敌？更令人好奇的是，当你亲自体验 DeepSeek 时，为什么会产生一种"它好像真的懂我"的奇妙感觉？这种"被理解"的独特体验到底源自哪里？背后又藏着怎样的技术秘密？

DeepSeek 究竟是如何在全球 AI 竞争中脱颖而出，让美国科技界都感受到前所未有的压力的？而对你而言，更关键的是，你如何真正掌握它、驾驭它，让这款工具助你提升效率、优化生活？

接下来，我将为你一一解答这些问题，指导你用最简单、最接地气的方式快速上手 DeepSeek，让AI真正成为你的得力助手。

一、为什么DeepSeek会让你感觉不一样?

想要回答这个问题,必须先搞懂两个简单的概念:通用型 AI 和推理型 AI。

1. 什么是通用型AI?

可以把通用型 AI 理解成"全能学霸",这类 AI(比如豆包、Kimi、ChatGPT 等)是通过海量的数据训练出来的,拥有庞大的知识储备,可以基于你的问题立刻做出响应,完成诸如聊天/对话、文案写作、知识问答等各种跨领域的任务,同时还能广泛结合多模态的能力,完成诸如输出图片、语音、视频等任务。

但是样样通的结果往往是样样"松",就像用广角镜头拍照——成像的覆盖面很广,但是容易丢失细节。这类 AI 是海量数据训练——"大力出奇迹"的结果,其本身不具备类似于人类那样的思考和推理能力。因此在使用这类AI的时候,人们往往会觉得它生成的内容"AI味"很浓,没有什么知识含量。尤其是在涉及一些复杂、需要深度逻辑推演的场景时,这类AI甚至频频出现"知识幻觉"(胡说八道),生成一堆文字垃圾。

2. 什么是推理型 AI?

如果把通用型 AI比喻成"全能学霸",那么推理型 AI则是妥妥的"专项冠军",如同显微镜一样,虽然能力范围窄,但是观测深度惊人。它和通用型 AI 的最大区别是,它不是海量数据训练的结果,而是在这个基础上通过思维链等技术范式给 AI 加入了类似于人类那样的思考和推理能力。

因此,你在使用诸如 DeepSeek(R1)这类推理模型的时候,会明显发现,当你向它抛出问题之后,它不会对你的问题直接做出响应,而是会像人类一样,先对你的问题本身做一次思考和推理。它会通过分析你的问题,理解你的需求,甚至挖掘你潜在没有表达出来的需求,并基于这些推理的结果制订出回复你的最佳策略。

当完成整个推理过程后,它才会对你的问题真正做出响应,而不是像通用型 AI 那样匆匆忙忙、自行其是地给你"AI 味"很浓的回答。

这就是为什么你在使用诸如 DeepSeek(R1)这类推理型 AI 的时候会感觉到它好像很懂你,你甚至不需要用什么复杂的提问技巧,只是随意一问,就能获得理想甚至超过预期的回答。

3. 通用型AI还有存在的必要吗?

我们有了推理型AI之后,是不是就可以扔掉通用型AI了?当然不是,二者有各自的应用场景和优劣势,就像是 Photoshop 和美图秀秀一样,各有各的应用场景。

通用型 AI,更严谨的叫法是指令型 AI,它的优点是响应用户请求的速度极快,并且对多模态(语音、图片、视频等)的支持非常好,更适合处理固定、规律、不太需要强大推理能力的任务,比如大文本、海量数据的处理等。

通用型AI的缺点在生成效果方面，或者说它给的回答很依赖指令。你甚至需要一步一步地告诉它具体怎么做，你告知得越清晰，写提示词的技术越高超，它给你的反馈就越好。否则，通用型AI可能生成一堆文字垃圾，不能很好地处理创意性、发散性、思维层次更高的灵活性任务。

而推理型AI的优势非常明显，因为"足够聪明"，所以你和它交流时，只使用简单的提示词就可以获得理想的回复。

当然，推理型AI的缺点也非常明显，因为它在正式回答你之前，要对你的问题做复杂的推理，所以响应速度往往比通用型AI慢。截至2025年3月它对多模态和大文本的处理还非常吃力，几乎没有办法完成规模性任务。

所以，在使用AI时，不建议你采用一刀切、非此即彼的思维，而是应该理解通用型AI和推理型AI各自的优势，根据自己不同的需求，协同使用二者。

主要区别	通用型 AI	推理型 AI
核心特点	回答快，擅长按照具体指令执行任务，输出格式规范	回答慢，擅长逻辑推理和知识关联，输出更具创造性
交互方式	需要明确、具体的指令才能发挥最佳效果	能够理解模糊的问题，通过推理得出答案
输出稳定性	较高，在相同输入下输出相对稳定	相对较低，可能产生不同的推理路径
可控性	较强，便于控制输出的形式和内容	较弱，输出较难预测和控制
创造性	相对较低，主要依据指令执行	较高，能产生新颖的见解和方案

续表

应用场景	通用型 AI	推理型 AI
文本创作	适合结构化写作，如写报告、文案等	适合创意写作，如写故事、剧本等
数据分析	适合模式固定的数据处理和分析	适合复杂数据的关联分析和洞察
问答系统	适合答案精确的专业问答	适合开放性问题的探讨
代码编写	适合标准化的代码生成	适合算法设计和问题解决
决策支持	适合基于规则的决策建议	适合情况复杂的决策分析

二、如何使用最新推理型 AI？

下面介绍目前最新推理型AI的免费获取渠道，并讲解推理型 AI 的使用方法。

1. 最新推理型 AI 的免费获取渠道有哪些？

下面是目前最新推理型 AI 的免费获取渠道。如果你没有更好的渠道，或者渠道不稳定，可以参考下面的渠道，以确保工具的稳定使用或作为应急备用。

● 国内阵营：DeepSeek（R1）、通义千问（Max）、文心一言（X1）、豆包（深度思考）、智谱清言（推理）、腾讯元宝（R1）、跃问（R1）、Monica（R1）、问小白（R1）、华为小艺（R1）。

● 国外阵营：ChatGPT（o1、o3）、Grok（3.0版）、Claude（3.7版）、Gemini（2.5版）、Poe、Copilot。

备注：随着AI的不断发展，以上版本号也可能随时更新。

有了渠道之后，我们该如何使用推理型AI呢？

2. 如何使用推理型 AI？

推理型 AI 目前一般是和通用型 AI 集成的。以DeepSeek为例，如果你在使用时不单击【深度思考（R1）】，那么默认是通用型AI（无推理效果）。

所以，你在使用时如果想要获得推理效果，一定要单击【深度思考（R1）】，切换到推理型AI。

同样，如果你的任务涉及一些时事内容或者互联网的最新内容，比如了解最新的财经新闻、科技动态、市场行情等，那么可以同时单击【联网搜索】，让DeepSeek联网，以便能根据最新的信息提供更准确、实时的回答。

任务：获取2025年最新的新能源汽车补贴政策。

未开启联网搜索：抱歉我的训练数据只有2024年的,无法为您提供2025年的新能源汽车补贴政策。

开启联网搜索：2025年最新的新能源汽车补贴政策如下。

后续生成内容略。

到了这里,我们已经认识了推理型 AI 这把"屠龙刀",并了解了获得"屠龙刀"的渠道。但是有这些还不够,如果想要让 AI 发挥出最大威力,我们还要学会"屠龙技"。

三、如何高效使用推理型 AI?

我们与 AI 沟通的语言是提示词(Prompt),下面是一个通用且非常容易上手的提示词撰写策略,它由4个要素构成。

要素1（立角色）： 它指的是，我们在使用 AI 的时候，可以先给 AI 设定或交代一个角色，通过角色引导，既帮助 AI 了解我们的身份，同时帮助 AI 更好地进入特定问题语境的范畴，引导它给出更好的答案。

比如： 告诉 AI 你是谁（学生/打工人/新手妈妈……），你想让它充当谁（专业的作家、编曲家……）。

> 欠佳提问：怎么学编程？
> 优质提问：我是一个编程新手，想从零开始学习 Python，请给我一个 3 个月的学习计划，并推荐适合初学者的资源。
> 欠佳提问：请介绍一下阿尔茨海默病。
> 优质提问：我是临床医学专业研一学生，请你给我介绍一下阿尔茨海默病。

要素2（述问题）： 它指的是，为了让 AI 更好地帮助我们，我们需要先向 AI 说明和交代与问题有关的背景信息，使 AI 更好地理解问题。

比如： 告诉 AI 你现在处于什么状况（发生了什么？遇到了什么问题？）。

> 欠佳提问：怎么备考雅思？
> 优质提问：我目前雅思6分，目标是1个月内提升到7分。我听力较弱，请制订每日3小时的学习计划，并推荐针对性练习材料。
> 欠佳提问：帮我生成为期3个月的减肥计划。
> 优质提问：我是男性，身高180厘米，体重85千克，每天运动量是步行1千米，我希望3个月内瘦到75千克，请帮我制订一个运动及饮食减肥计划。

要素 3（定目标）： 它指的是，我们要让 AI 清楚地知道，它的任务是什么，我们的需求和最后希望它为我们做到什么、解决什么问题。

比如： 写报告/做计划/分析数据……

> **欠佳提问：** 帮我写个方案。
> **优质提问：** 作为跨境电商创业者，我需要制订在亚马逊上推广新品的方案。请按以下框架展开：
> 市场调研方法（要求包含 3 种低成本工具）、推广阶段划分（分预热期、爆发期、长尾期）、风险控制清单。

要素 4（补要求）： 它指的是，告诉 AI 它在回答问题时需要注意什么，或者我们想让它以什么样的方式回答。这决定着 AI 最终以什么样的形式、风格给我们答案。

比如： 表格/分段/口语化，或限制时间/场景/范围/禁忌……

> **欠佳提问：** 说说AI。
> **优质提问：** 用小学三年级学生能听懂的话，讲 3 个AI改变生活的例子。
> **欠佳提问：** 微波炉和空气炸锅有什么区别？
> **优质提问：** 请用对比表格形式展示微波炉和空气炸锅的加热原理、适用场景和能耗区别。

使用通用型 AI 时，这个提示词撰写策略"无往不利"。但是前面说了，推理型 AI 和通用型 AI 的运作机制完全不同，在使用推理型AI时，如果过度使用类似于上面的提示词，反而会限制AI 的发挥。

在这种情况下，还需要用提示词吗？如果需要，应该用什么样的提示词？下面我们来解决这两个问题。

疑问1　还要不要用提示词？

提示词肯定是要用的。无论是与人沟通，还是与 AI 沟通，都需要语言作为介质。无论 AI 怎么发展，在人类大脑没有发生突变，或者脑机接口技术还不够成熟，无法通过意念传递信息的时候，我们想要和 AI 交互，都需要通过提示词告诉 AI 我们遇到了什么问题，想得到它什么样的帮助。

既然提示词是必不可少的，那么我们用什么样的提示词才能获得更好、更精准的效果呢？

疑问2　该用什么样的提示词？

关于这一点，我结合沟通管理大师和社会心理学家约瑟夫（Joseph）与哈里（Harry）提出的经典沟通模型约哈里窗口（Johari Window），根据问题的不同场景，总结出了4个提示词撰写策略，以帮助你更好地使用推理型AI。

约哈里窗口告诉我们，无论是和人类还是AI沟通，无非4种问题场景。

场景1 你和 AI 都知道。（开放的问题）

比如，你想让AI模仿某脱口秀演员的风格，写一段脱口秀，你和AI都知道某脱口秀演员是谁以及他的脱口秀风格是什么样的，那么这就属于你和AI都知道的问题场景。

场景2 AI 知道，你不知道。（盲区的问题）

比如，你感觉某篇小红书文章风格不错，你想模仿写作，但是由于缺乏必要的训练，你很难实现，更不知道该如何向 AI 表达你的需求。这就属于 AI 知道，但你不知道的问题场景。

场景3 你知道，AI 不知道。（隐藏的问题）

比如，你想让 AI 帮你梳理、优化你的工作流程，以提升工作效率，但是 AI 不知道你是做什么工作的，你的工作流程有哪些。这就属于你知道，但 AI 不知道的问题场景。

场景4 你和 AI 都不知道。（未知的问题）

比如，随着AI的能力越来越强，你很好奇未来AI会不会产生意识，反过来奴役人类，但由于未来还没到来，因此这就属于你和AI都不知道的问题场景。

同样的道理，遇到一些问题时，你只有一个念头，具体如何执行完全不知道，由于目标模糊、信息量极少，AI 也不知道该如何回答，这也属于你和 AI 都不知道的问题场景。

清楚了4种问题场景之后，针对不同问题场景所需要用到的提示词撰写策略也就明了了，一句话讲清楚就是，开放的问题直接说，盲区的问题上案例，隐藏的问题补背景，未知的问题开放聊。

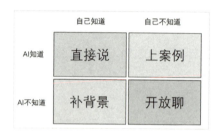

策略1　开放的问题直接说

前面已经介绍过推理型AI和通用型 AI 的区别，推理型 AI 有自己的推理逻辑，它会自动按照最优的逻辑路径工作，如果我们在使用它的时候，也按照使用通用型 AI 那样，给它严格的指令和具体的细节，那么反而是给它戴上了紧箍咒，抑制了它的创造力。

所以，在使用推理型 AI 的时候，对于那些不太复杂、比较开放的问题场景，除非你有特别明确的需求，否则千万不要啰唆，不要写过多的提示词，而应聚焦目标，直接说出你的要求。

建议按照下图所示提问。

> **示例**
>
> 请你根据某脱口秀演员的特点和脱口秀风格,写一段约3分钟的脱口秀文本,以春节那些烦恼事为主题。
> 设计一个杭州3日游计划,要求包含西湖和灵隐寺,且预算控制在2000元以内。
> 请你证明勾股定理。
> 用10岁孩子能听懂的话,解释一下什么是量子力学。

除非你有特殊需求,否则不建议把提示词按照模板事无巨细地写出来。

策略2 盲区的问题上案例

受制于专业知识储备或者语言匮乏而没有办法很好地向 AI 表达需求时,就可以把提示词的重点放到述问题、上案例、定目标上。

建议按照下图所示提问。

比如,你要仿写某一篇文章,但你没有办法分析和描述出它的写作风格,让 AI 完成写作,那么这个时候,你就可以直接通过一个案例让 AI 自己去分析学习。

> 你是小红书文案专家,擅长各类爆款文案创作,下面我会给你一段小红书文案,请你学习该文案,按照同样的风格和形式为我创建一篇题目为《认知觉醒》的小红书文案。

把案例给 AI 远远胜过用文字来具体描述。这个时候,AI 会自动调用它的知识储备来分析案例的结构、风格、语气、节奏等,然后为你提供更精准的答案。

所以,在处理"AI 知道,你不知道"类型的问题时,最好的策略就是直接提供例子,一切让 AI 自己去做。

策略 3 隐藏的问题补背景

对于隐藏的问题,即使 AI 再聪明,如果我们没有为它提供充分的信息,它也不可能给出优质的回答。

所以,面对此类问题场景,为了让 AI 能更好地回答我们的问题,我们可以把提示词的重点放到述问题、定目标上,甚至应该把 90% 的内容用于给AI交代问题背景。

建议按照下图所示提问。

比如，你是一名技术扎实的程序员，心中一直怀有创业梦想，但由于对创业领域几乎一无所知，你既不了解市场需求，也不知道如何验证自己的想法，甚至连第一步该做什么都毫无头绪。于是，你想向AI寻求一些建议。

然而，创业话题本身范围广泛，加上AI无法直接了解你的具体情况，如果你的提问过于笼统，即便是再强大的AI，也很难给出真正有价值的建议。

为了让AI更准确地理解你的需求，进而提供更具针对性的指导，你需要尽可能具体、详细地描述自己的背景与当前困惑，再提出你的问题。

错误示范：我是一名程序员，请问如何创业？

正确示范：你是一位专业的创业导师，我现在正面临一个创业问题，希望能得到你的指导。我是一名有10年后端开发经验的程序员，擅长Python和数据库技术，目前就职于一家科技公司。最近，我注意到自媒体行业特别火,萌生了做点自己产品的想法。比如,我想开发一款面向小红书创作者的图卡生成工具。

但我对创业毫无经验,对市场、产品定位、商业模式等几乎一无所知,不知道这个想法是否可行,也不清楚该如何验证它有没有真正的市场需求。此外,我对创业初期所需的资源准备,比如资金、团队搭建等方面,也完全没有概念。

请你根据我的背景和当前的困惑,帮我分析一下我目前所处的阶段,并给出适合我的创业起步建议。

策略4 未知的问题开放聊

未知的问题指的是你和AI都不知道的问题,比如,还没有发生的事情,或者你脑子里只有一个非常模糊的念头,相关讨论都属于未知的问题。

对于未知的问题,我们就不要用复杂的提示词去限制AI的创造力了,而应该把大部分的注意力聚焦于述问题上,通过与AI互动获得启发,通过追问AI来获得理想答案。这个时候,除非有特别限制,否则其他提示词都可以根据情况省略。

建议按照下图所示提问。

比如，如果你对 AI 的未来好奇，那么你就可以直接把这个问题抛给它，然后基于它给你的一些思路，继续往下追问，无拘无束地开启对话，直到获得你满意的结果。

> 你觉得 AI 的未来会怎样？

同理，如果你想写一部小说，但是毫无思路，完全不知道该用什么提示词与 AI 互动，那么你就可以直接把这个"模糊未知"的"大问题"扔给 AI，看看 AI 能给你发散出什么关键词，然后基于 AI 发散的关键词进一步追问，通过这样反复碰撞，最后找到灵感。

> 我想写一部小说，请问如何开始？你有什么推荐？

到这里，和 DeepSeek 这类推理型 AI 互动的最佳策略就介绍完了。你可能也意识到了，这些策略虽然理解起来简单，但是真正放到具体场景中应用还是有一定难度的。那么在面对真实场景的时候，有没有一些更具体的方法或者更高效的技巧呢？下一章将进行讨论。

第二章

进阶技巧：
四大策略全面释放 DeepSeek 潜能

知识要点

① 如何高效地向 AI 提问？

② 如何高效地向 AI 描述问题？

③ 如何更好地对 AI 提要求？

④ 如何减少 AI 幻觉（"胡说八道"）？

CHAPTER 2

在上一章中,我们初步认识了推理型 AI,并探讨了高效使用它的整体策略。但是要真正发挥推理型 AI 的潜力,我们需要在具体情境中运用更具针对性的技巧。

本章将介绍一系列进阶技巧,帮助你更高效地使用推理型 AI。这些技巧不仅能降低你的上手难度,还能显著提升 AI 的工作效率。

一、如何高效地向 AI 提问？

在第一章中，我们已经探讨了如何通过清晰的提示词来引导 AI 生成有用的回答。这种方法的有效性往往依赖于我们对问题及其背景有一定的了解，或者至少我们自己能够将问题表述得足够清晰。但在日常工作和生活中，我们往往遇到的是模糊不清、难以定义的问题。

工作压力大，喘不过气。你想摆脱这种状态，但难以让 AI 深入理解你的感受和具体情况。

想创业开展一个项目，但不确定自己能做什么，或者不知道有哪些有价值的切入点。

写论文时头脑一片混乱，面对空白文档，完全不知道如何下笔。

⋯⋯⋯⋯⋯⋯

这些场景的共同点在于，我们只有模糊的痛点或需求，无法清晰地定义具体问题，更不用说通过提示词与 AI 进行有效沟通。

如果你经常遇到这样的问题，或者不知如何写提示词，这里分享两种简单、实用的方法给你，可以大幅提升你与 AI 的交互效率。

方法1 反向提问法

反向提问法指的是，如果我们只有一个痛点，但不能用文字将其准确地描述出来，并写好有针对性的提示词，那么可以把这个问题抛给 AI，让 AI 来告诉你怎么向它提问，然后我们针对 AI 反向提出的问题进行填空即可。

下面这个案例可以帮你具体理解和掌握这种方法。

案例　人生规划问题

> **你** 我感到非常迷茫，生活、工作一地鸡毛，我想得到你的帮助，帮我摆脱人生困境，但是我不知道该怎么向你描述我的情况，以便让你更好地帮助我。请你告诉我，我该如何向你提问。
>
> **AI** 完全理解你的状态，人在迷茫时需要的是"被看见"和"具体抓手"。以下是帮你整理思路的提问框架，你可以自由选择其中几个方向描述（不必全部回答）。
>
> **当前最尖锐的困扰**
>
> ▶ 生活/工作/关系中哪个领域最让你痛苦？
>
> （例："每天加班到深夜却觉得工作毫无意义，回家后连玩手机都感到空虚。"）
>
> 后续生成内容略。

方法2　多轮调教法

多轮调教法是指与AI互动。当你难以清晰描述问题时可以使用两种策略：第一种，先提出一个模糊的问题，用不完善的提示词让AI生成初稿，然后基于这个"不完美"的答案明确你的侧重点，引导AI反复修改，直至满意；第二种，从简单的切入点开始，获取与任务相关的关键词，然后基于这些关键词提出真正的问题，逐步引导AI完成更复杂的任务。

这种方法特别适合因缺乏专业知识或相关能力而难以直接提出高质量问题的情况。以下案例将帮助你具体理解和掌握这种方法。

案例1 **产品分析报告**

第一轮：先写出简单、模糊的提示词。

🧑 请你根据当前的市场情况，帮我做一份专业的电子穿戴行业的产品分析报告。

（没有指定时间、用途、地域、侧重点等具体情况，生成的必然是文字垃圾。）

🤖 电子穿戴行业产品分析报告（2023年Q3）
后续生成内容略。

（果然，AI生成了一份很简陋、很空洞的报告，数据来自2023年，并且是以全球市场作为调研方向的。）

追问1：不要全球市场，请你以中国市场作为调研方向，并确保是当下的最新数据。

🤖 中国电子穿戴行业产品分析报告（2024年Q4更新）
后续生成内容略。

（到这里基本符合要求了，但是侧重点仍然有问题，根据你想要的点，指挥AI进行优化。）

追问2：中国市场规模与增长率、竞争格局、产品趋势与技术突破、用户需求与政策影响这4个部分的内容过于简单，请你侧重这4点，让其更具体、更详细。

🤖 中国电子穿戴行业深度分析报告（对四大核心模块进行细化）
后续生成内容略。

（到这里内容已经很详细了，如果你还有别的需求，可以继续调教AI。）

追问3：请在当前报告的基础上，对创业融资者提出你的洞见和建议，以帮助创业融资者更好地说服投资人。

回答略。

追问4：请为你的洞见和建议提供更具体的案例论证，以支撑你的观点，让其更有说服力。

回答略。

追问N：……

案例2

第一轮：以一个小切入点，把AI带入问题语境。

你 你知道小红书上的爆款文案一般都具备哪些特点吗？

AI 小红书爆款文案通常具备以下特点，结合平台用户偏好（年轻女性为主，注重生活方式、美妆、穿搭等）和传播逻辑，可以总结为以下核心要素。

后续生成内容略。

（AI自动为我们完成总结。）

追问1：很好，我是一名小红书内容创作者，请你按照你总结的方法论，为我生成一篇关于DeepSeek的推荐文案。

AI 标题：救命！这个AI"神器"让我一天产出30条爆款，涨粉4000+！

正文：今天必须强烈推荐一个让我效率大增的AI"神器"——DeepSeek！

（到这里，内容的质量已经非常不错了，如果你还有别的需求，可以反复调教AI。）

追问2："它到底有多绝？"部分有点单薄，请你完善一下，给出更多有诱惑力的场景。

二、如何高效地向 AI 描述问题？

在上文中，我们探讨了在自己不能清晰定义问题时的解决方案。然而，实际操作中我们还可能面临另一个挑战。

即使已经清楚自己的意图和问题背景，我们仍可能遇到一个困难——如何精准表达，让AI真正理解我们的意图。受限于自身的语言表达能力，我们如何描述才能让AI准确把握我们的实际问题场景和特殊情况？这无疑是一个巨大的挑战。

下面将针对这个问题提供几种方法和技巧，帮助你更流畅地与AI进行互动。

方法1　5W2H 方法

5W2H方法源自结构化思维中的"七何分析法"，专门用于优化我们的思维方式。掌握这一方法，不仅能让我们更精准地向AI传达问题，还能大幅提升自身的思考与表达能力。

如果你在与AI交流时难以组织出清晰的语言来描述问题，5W2H方法将助你一臂之力——用简单明了的语言传达复杂问题。正如其名称，这一方法由5W和2H组成，可帮助我们构建高效、严谨的表达框架。

Who：何人？事件对象是谁？

What：何事？事件是什么？你是什么情况？目前产生了什么问题？

Why：何因？目的、动机是什么？为什么要做？

When：何时？期望或者限定的时间是什么？

Where：何地？事情发生在哪里？在哪里做？

How：如何？当前进展怎样？如何实施？方法是什么？

How much：何量？做到什么程度？数量如何？质量水平如何？费用预算如何？

这里拿"一个迷茫的宝妈找副业"这个问题场景来举例。如果我们在交代自己情况的时候毫无逻辑和思路，就可以直接套用这个模板。

> Who（何人？）：一位30岁的宝妈，有一个3岁的孩子，目前全职在家带孩子。
> What（何事？）：希望找一份时间灵活、可以在家完成的副业，以便照顾家庭和孩子。
> Why（何因？）：希望通过副业增加家庭收入，减轻家庭经济压力；同时，借此机会提升自己，为未来重返职场做准备。
> When（何时？）：希望尽快开始，利用孩子的午睡时间和晚上工作。每天可以投入2~3小时，周末可能有更多时间。
> Where（何地？）：线上线下皆可，更倾向于线上。
> How（如何？）：有一台计算机和一部智能手机，基本设备齐全；此外，有一定的设计能力和视频剪辑能力，但是只是入门水平，不排斥学习新技能，但希望门槛不要太高，初期投入成本较低。
> How much（何量？）：希望副业每月能带来2000~5000元的额外收入。前期能投入不超过500元的学习费用或工具成本。

当我们借助5W2H方法厘清思路后，只需将梳理出的关键要素组合在一起，直接向AI提问即可。

精准的描述能让AI更准确地理解你的需求，从而提供高度定制化、具体且有效的解决方案。通过这种方法构建的问题，背景信息翔实，AI 给出的回答更符合你的实际需求。

> 请你根据我下面的情况，为我制订具体且有针对性的副业策略。
> 我是一位 30 岁的宝妈，有一个 3 岁的孩子，目前全职在家带孩子。我希望找一份时间灵活、可以在家完成的副业，以便照顾家庭和孩子。
> 我希望尽快开始这份副业，我可以利用孩子的午睡时间和晚上工作，每天大概能投入 2~3 小时，周末可能有更多时间。
> 我对副业的形式要求比较开放，线上线下都可以，但更倾向于线上工作。
> 我目前有一台计算机和一部智能手机，基本设备齐全。我自己有一定的设计能力和视频剪辑能力，但还只是入门水平。我不排斥学习新技能，但希望门槛不要太高，初期投入成本也不要太高，最好不超过 500 元。
> 我的目标是通过副业每月能带来 2000~5000 元的额外收入。我希望这份副业不仅能帮我缓解经济压力，还能成为我长期发展的方向之一，同时也符合我的能力和时间安排。

技巧 1　AI 识图技巧

这个技巧主要针对那些"看得见，但说出来很费劲"的场景，例如复杂的故障现象、只可意会不可言传的情境或难以用语言描述的艺术作品——信息量大且复杂，单靠文字很难准确传达。

而 AI 的强大图像理解能力正好能派上用场。当你遇到这类场景时，只需直接拍照上传或截图后发给 AI，然后让 AI 基于图像完成任务，无须自己苦思冥想如何描述。

比如,你是一名服装设计师,看到一款非常好看的裙子,也想设计一条同款的裙子,但是你不知道它的样式风格和设计理念,不知道如何去描述它才能让 AI 理解。这个时候,你就可以拍个照,然后让 AI 帮你分析,并告诉你如何设计它。

> 请你帮我详细地描述一下这款裙子,告诉我它的样式风格、颜色、材质、设计理念、结构细节等信息,并给我具体的设计建议。
>
> 这款裙子展现了一种优雅而古典的风格,融合了传统与现代的设计元素。以下是对其的详细描述和设计建议。
>
> 后续生成内容略。

技巧 2　AI 附件上传技巧

这个技巧主要针对那些"有内容,但口头描述很费劲"的场景。比如,你手头有一份复杂的财务报表、一个设计草稿的 PDF 文件,或者一段录音记录。这些材料往往信息量大或结构复杂,如果单纯依靠口头描述,然后手动进行相关操作,不仅耗时耗力,还容易遗漏关键细节。

此时，你可以通过 AI 的附件上传功能，直接将这些材料上传给 AI，让它基于上传的材料进行相关操作，比如，处理本地文档、文字，甚至修改代码，让 AI 基于知识库回答问题等。

这样，你无须从头到尾自己描述或手动处理，且 AI 能快速理解并执行任务。这种方式不仅节省时间，还提升了准确性，避免了口述过程中的模糊或遗漏。

当我们希望 AI 帮助我们处理某个具体问题或执行某个操作时，我们无须逐步描述细节，直接上传相关文件，然后给出明确的指令即可。比如，如果我们希望 AI 帮我们执行一个操作，那么我们可以直接把相关文件发给它，然后向它发送操作指令。

> 你 帮我把里面的中文台词提取出来，去掉无关内容，保留原排版格式。

技巧3 AI 读取链接技巧

这个技巧主要适用于那些内容在网上且难以直接获取的场景。比如，你想分析一个网站的页面样式、提取视频网站上的视频内容，或者获取一篇在线文章的要点。这些内容通常受到版权或技术限制，难以直接下载、复制，或者操作烦琐，同时也很难用语言准确描述。

此时，你可以利用 AI 直接读取网页链接的能力，只需将目标网页的 URL（统一资源定位符）提供给 AI，它就能自动访问并解析网页内容，快速提取或分析你需要的信息，无须进行额外的操作。

下面以直接总结网页文章的要点为例，只需要一句话，我们就能获得自己想要的结果。

> 请你总结这篇文章的要点（网址略）。
>
> 答案：略

方法2　自动生成法

自动生成法指的是，让 AI 帮你写提示词。

如前面所说，虽然推理型 AI 可以自动完成很多任务，不需要太多复杂的提示词就能给出理想的回答，但是如果任务涉及复杂工作流程或者需要规范 AI 的执行路径，比如用 AI 描述多模态图片、视频画面等，那么我们就需要提供比较复杂的提示词。

所以，如果碰到那种需要写复杂提示词，而我们又没能力或者懒得写的场景，可以让 AI 帮自己写。示例如下。

> # 角色
> 你是专业的 AI 大模型提示词优化专家，擅长对各类提示词进行优化。
> # 背景
> 每次需要你的时候，我都会给你提示词，该提示词可能是对一个模糊的场景的描述，也可能是一句抽象的话，或者是表达了非常啰唆或没有逻辑的内容。
> # 目标
> 你的任务是对我给你的提示词进行优化（补全、删减、重组等），让 AI 大模型可以对你优化后的提示词做出最佳响应。

#要求
- 要确保用户容易理解优化后的提示词，同时还要确保 AI 可以理解，能根据提示词做出最佳响应。
- 当你明白了你的任务后，请回复明白，并持续等待我需要你优化的提示词。

(AI) 明白。请提供需要优化的提示词，我会根据以下原则进行处理。
后续生成内容略。

(你) 劝我去旅游。

(AI) 以下是优化后的提示词。

请扮演专业旅行顾问，根据我的个人偏好和当前状态，设计一份具有说服力的 3 日特色旅行方案，需要包含以下内容：

1. 通过 3 个具体场景描述（自然风光/人文体验/美食探索）激发旅行欲望；
2. 结合当前季节和我的空闲时间（请询问具体时段）推荐最佳目的地；
3. 列举 3 个该旅行地独有的体验项目；
4. 提供预算范围选择（经济型/舒适型/高端型）；
5. 用"您将获得……"句式强调旅行价值，请先询问我的偏好（城市/自然/海滨/古镇等）、可接受的交通方式和预算范围。

三、如何更好地对 AI 提要求？

我们都知道，AI 是随机生成内容的。为了让 AI 精准输出并呈现我们所期望的结果，我们需要对 AI 进行一定的规定和约束，确保它按照我们的理想方式生成内容。那么，具体要如何实现呢？

接下来，我将分享6种方法，帮助你有效引导 AI，确保其生成的内容符合，甚至超出你的预期。

方法1 设置难度

我们都知道，AI 往往有一套默认的回复风格，如果我们不对 AI 的表达进行一定的规定，那么它往往就会按照默认的回复风格输出内容，这类内容往往比较枯燥平淡，或者难以理解。

所以，你可以根据自己的理解设置并调整 AI 的表达方式，从而控制输出内容的难易程度。这一方法特别适用于希望让 AI 的输出变得更加生动、富有想象力，且易于理解的场景。

设置难度的关键词很简单，要想 AI 输出的内容易于理解，我们只需要使用下面的技巧即可。

> 技巧1：用明确的身份定位，比如"我是三年级的小学生"或"我是零基础新手"。
> 技巧2：加关键词，比如"用大白话解释""用简单的方式讲"。
> 技巧3：结合具体场景，比如"给我一个8岁孩子能懂的答案"。

要想 AI 输出的内容更专业，可以使用下面的技巧。

> 技巧1：以专家级的方式。
> 技巧2：以专业的方式。
> 技巧3：以系统、全面、具体的方式。

下面以"让 AI 解释 AI 推理模型的思维链"为例进行演示。

> **欠佳示范**：请解释 AI 推理模型的思维链是如何工作的。
> （AI 可能会给出一堆术语，像学术论文一样让人头晕。）
> **正确示范**：请用8岁孩子能听懂的方式，解释 AI 推理模型的思维链是如何工作的。
> （AI 可能会说："就像小侦探一步步找线索，AI 也是猜了再想，最后找到答案。"）

其他示例如下。

> 你 我是三年级的小学生，告诉我什么是区块链。
> 你 用大白话解释量子计算是什么。
> 你 我是编程新手，用简单的话说说 Python 的循环怎么用。
> 你 我要写一个小红书文案，讲的是"DeepSeek 提示词技巧"，受众是那些零基础的新手，希望能让人看懂的同时且觉得非常有用。请你帮我完成它。

方法2 设置风格

设置风格指的是规定 AI 输出的整体呈现形式，它包括语言是否正式、表达的结构模式、修辞手法的使用等，比如，我们经常看到的小红书风格、知乎风格、鲁迅风格、新闻风格、公文风格、金庸风格等。

如果你对 AI 输出的呈现形式有要求，不希望 AI 给你生成的是偏八股文或非常理性、结构化的内容，那么风格的设置就是一件比较重要的事情，创作自媒体相关内容的时候尤其要重视这一点。

设置风格的方式很简单，你只需要告知 AI 你需要什么风格即可。示例如下。

> **技巧1**：直接点名风格，比如"用知乎风格"或"模仿金庸的文风"。
> **技巧2**：给具体参照，比如"像某主播那样锐评"或"按某脱口秀演员的脱口秀风格写"。
> **技巧3**：结合场景需求，比如"写一篇小红书'种草'文推广智能鼠标"。

以下是更多案例，可帮助你理解和掌握设置风格的技巧。

> **案例1**：以李煜的诗词风格写一首诗，要体现单身的惆怅。
> **案例2**：用某主播的风格锐评一下爱情的求而不得，告诉大家，总会有人在等你。
> **案例3**：用某作家的风格写一个小白兔遇见大灰狼的故事，要求有趣，有反转。
> **案例4**：用鲁迅的风格写一篇介绍 DeepSeek 爆火现象的文章。

方法3 设置语气

设置语气和前面的设置风格相似，但它更多聚焦于语言的情感调性，设置它只会影响 AI 内容的表达方式，并不会影响 AI 整体的风格，比如严肃、幽默、活泼等。由于语气的改变给人的感觉最为直观，会直接影响读者对内容的感受和反应，所以，如果你不想要"AI 味"很浓的内容，那么语气的设置就至关重要了。

同样，设置语气的方式也很简单，只需要告知 AI 你需要什么感觉的内容就行了。示例如下。

> 技巧1：直接描述语气，比如"用幽默的语气"或"以刻薄的态度"。
> 技巧2：给具体参照，比如"用某网络作家的文风"。
> 技巧3：避免抽象词，尽量用可感知的描述，比如"像哄孩子那样温柔"。

以下是更多案例，可帮助你理解和掌握设置语气的技巧。

> 案例1：以刻薄的语气，辣评下MBTI（迈尔斯查布里格斯人格类型量表）中的人格类型。
> 案例2：请你以温柔的语气劝我睡觉。
> 案例3：请你用慷慨激昂的语气评价下《哪吒之魔童闹海》。

这里有一个小技巧：当你想给AI设置特定风格和语气时，最好选择一个具体可感知的参考标准，比如"以某作家的风格"或"像乔布斯演讲那样"，而不要使用"幽默""活泼"等宽泛抽象的形容词。这样AI才能为你生成更符合预期语气和风格的内容。AI在训练过程中已经接触过世界上存在的各种表达方式，它比我们更了解这些风格该如何呈现。我们只需清晰地告诉它我们想要的语气和风格，它就能相应地调整输出。

方法4 设置篇幅

设置篇幅指的就是告诉AI你想要的内容有多长，比如是简短的一句话，还是长篇大论。这就像点餐时告诉服务员"我要小份的薯条"或者"给我来个全家桶"。

如果你不指定AI生成内容的篇幅，那么它生成的内容要么过短，非常单薄；要么一大堆，看得你头晕。所以，设置篇幅能让 AI 的输出更符合你的需求。设置篇幅很简单，我们只需要进行量化的规定就可以了。示例如下。

> 技巧1：如果你有刚性篇幅约束，可以直接说清楚具体的字数、段落数或句子数，比如"写 200 字"或"用 3 句话"。
> 技巧2：如果你不太希望做死板限制，也可以用模糊但具体的描述，比如"简短点""详细讲讲"。
> 技巧3：如果你不希望 AI 太啰唆，也可以加特定限制，比如"只输出核心步骤/关键结论即可，不要做任何多余解释"。

以下是更多案例，可帮助你理解和掌握这个技巧。

> 案例1：用一句话说明深度学习的好处。
> 案例2：用50字告诉我怎么减肥。
> 案例3：写一篇300字的文章，介绍ChatGPT的历史。
> 案例4：生成10个关于"批判性思维"的爆款标题，标题不超过20个字。
> 案例5：写一篇关于DeepSeek的演讲稿，要求12分钟。
> 案例6：生成不少于20个有关个人成长主题的选题。

方法 5　设置范围

设置范围指的是为AI划定明确的边界，告诉它"在这个特定领域内发挥，不要偏离主题"。AI知识库极其庞大，如果不加限制，它可能会提供大量与你的实际需求无关的内容。

设置范围能让AI的输出更加聚焦且有针对性，这在处理专业话题或当你只需要特定角度、特定知识领域的内容时尤为重要。例如，你可以指定只讨论AI在游戏领域的应用，而不涵盖AI发展史。这样做能确保你获得的回答既精准又实用，不会偏离你真正关心的问题。

> **欠佳示范**：介绍一下区块链。
> （AI可能会从技术到投资讲一大堆。）
> **正确示范**：只介绍区块链在金融领域的应用。
> （聚焦金融，干净利落。）

设置范围很简单，如果你有特定的范围约束，那么直接给AI指定即可。示例如下。

> **技巧1**：加限定词，比如"只讲……""重点突出……"。
> **技巧2**：禁止无关内容，比如"别提……""不包括……"。
> **技巧3**：指定背景或来源，比如"根据2023年数据"或"参考××书"。

以下是更多案例，可帮助你理解和掌握这个技巧。

> **案例1**：请你根据2019—2024年的研究生报名和录取，以及就业数据，为我分析一下这个话题的发展趋势并提出你的洞见。
> **案例2**：我想让你帮我调研一下机器人市场的情况，并生成报告。请注意，你参考的资料和数据必须是最新的（只要最近两个月内的数据）。
> **案例3**：请你从《聊斋志异》里选出几个涉及经济学现象的故事案例，并进行解释。

> 案例4：请推荐3本中文科幻小说，要求近5年出版且豆瓣评分8.0以上。

方法6 设置格式

设置格式就是明确告诉AI如何组织和呈现内容——是采用连续文本段落，还是结构化的列表、表格，或者更专业的代码块、流程图等形式。

如果你不做这方面的明确规定，AI很可能默认提供一大段连贯但单调的纯文本，纯文本缺乏层次感，重点不突出。设置格式能让内容既美观又易于理解，尤其在写文档、做PPT等需要视觉吸引力和特定结构的场景中格外有效。

如果你对内容呈现有特定要求，可以按照以下3个技巧设置格式。

> 技巧1：直接点明，比如"用 Markdown 写""做个表格"。
> 技巧2：要求结构，比如"分点列出""用编号说明"。
> 技巧3：添加创意，比如"画个流程图""做个思维导图"。

以下是更多案例，可帮助你理解和掌握这些技巧。

> 案例1：用文本描述一个学英语的流程图。
> 案例2：请你给我10点早结婚的好处，以列表形式呈现，并附上编号说明。
> 案例3：用 JSON 格式写一个用户信息。
> 案例4：用表格展示DeepSeek、ChatGPT、Grok 这3款 AI 模型的性能。
> 案例5：写一篇关于健康饮食的调研报告，用 Markdown 格式。
> 案例6：写一篇关于 DeepSeek 的小红书"种草"文案，用 Emoji 排版内容。

四、如何减少 AI 幻觉("胡说八道")?

用过 AI 的读者都知道,AI 生成的内容并没有表面上看起来那么完美,往往充满了虚假和不准确的信息,行业内把这种一本正经地胡说八道的现象称为"AI 幻觉"(AI Hallucination)。

在日常闲聊或简单场景中,AI 的不准确表述我们还能接受,但在计算、审计、检验等对精确度要求极高的严肃场合,AI 的"胡说八道"则让人几乎无法容忍。

然而,当我们对 AI 生成内容的精确度有严格要求,却又因自身能力和成本限制无法进行准确判断时,我们该怎么办呢?

下面我将为你提供 4 种可大幅减少 AI 幻觉的有效方法。

方法1 慢思考策略

慢思考策略指的是通过提示词的方式,在 AI 推理能力的基础上,放慢它的速度,在生成答案前要求它"停下来思考",就像人类在回答复杂问题时会先整理思路一样。这种方法可以让 AI 在输出前进行自我查验,从而减少错误和幻觉。

策略如下。

> **策略1**:在提示词中明确要求 AI "仔细思考后再回答"或"请分步骤解释你的思路"。
>
> **策略2**:让 AI 先列出思考过程,再给出最终答案。

示例如下。

欠佳示范：直接问"1+1等于多少"。

（AI可能会快速回答，但在复杂问题上容易出错。）

正确示范：输入"请先解释你的思考过程，然后回答1+1等于多少"。

（AI可能会回答："1是一个数字，+表示加法，后面还有一个1，所以1+1=2。"这样出错概率大大降低。）

方法2 自我批评

自我批评指的就是我们常说的自己批评自己，也就是要求AI在生成回答后，主动审查自己的内容，找出可能的错误或漏洞。这种自我批评的方式能有效提升输出的质量，规避潜在的错误。

策略如下。

策略1：在提示词中加入"请审查你的回答，指出可能存在的错误"或"请自我批评一下你的观点"。

策略2：要求AI在回答后列出至少3处可能出错的地方。

示例如下。

欠佳示范：AI回答完问题后，你直接采纳。

（可能存在隐藏错误或遗漏。）

正确示范：输入"请回答后列出3处你认为自己可能出错的地方"。

（AI可能会说："我的回答可能在数据上不够精确，或者在逻辑推导中跳过了某一步，又或者忽略了某些特殊情况。"）

方法3 联网校对

这里的联网校对是指要求 AI 在生成内容时，提供可验证的数据来源或参考资料，确保回答有据可依，而不是凭空捏造。网络信息具备实时性，来源很多，要求信息可溯源能大幅降低 AI "胡说八道"的可能。

策略如下（以 DeepSeek 为例）。

> 策略1：在回答问题前，单击【联网搜索】开启 AI 的联网功能。
> 策略2：在提示词中加入"请提供数据来源"或"请附上参考链接"。
> 策略3：要求 AI 在回答中标注信息的出处，比如"根据××报告"或"基于××研究"。

示例如下。

> 欠佳示范：AI 说"2023 年全球 AI 市场规模达到 1000 亿美元"。（你无法确认真假。）
> 正确示范：输入"请提供 2023 年全球 AI 市场规模的数据，并附上来源"。

方法4 多 AI 交叉验证

多 AI 交叉验证是指将同一个问题交给多个 AI 回答，然后对比它们的答案，或者让它们互相验证，互相监督，这样可以大幅降低单一 AI 出错的概率。

操作步骤如下。

步骤1：将问题同时输入多个 AI，比如 ChatGPT、DeepSeek、Claude、豆包等。

步骤2：比较它们的回答，找出一致点和差异点。

步骤3：如果多个 AI 的答案一致，则可信度较高；如果不一致，则需进一步核实。

示例如下。

欠佳示范：只问一个 AI "地球的周长是多少"。

（对于它的问答，你可能直接就信了。）

正确示范：问多个 AI "地球的周长是多少"，然后对比。

（如果都说是40075千米，则可信度高；如果有差异，再查权威资料确认。）

第三章
———

底层思维:
一个策略让 AI 为你创造实际价值

知识要点

❶ 什么是运用AI的意识?

❷ 162个AI实践场景

CHAPTER 3

至此，我们已经详细了解了运用 AI 的方法与技巧，按理说接下来应该进入实操环节了。但在正式实操之前，希望你能重视本章的内容。

如果最后本书的大部分内容你忘掉了，那么只要记住了这一点——要有主动运用AI的意识，我认为你就已经超越绝大多数人了。

当你逐渐深入运用 AI 时，你会慢慢体会到：真正让 AI 发挥价值的，不是花样繁多的提示词使用技巧或对话策略，而是你运用AI 的意识和表达能力，这些才是决定 AI 能否成为你得力助手的根本。

一、什么是运用 AI 的意识？

我想传达给你的核心理念就是"万事不决用AI"。

我们许多人运用AI的最大障碍，并非缺乏与AI沟通的方法或技巧，而是受限于惯性思维和固有观念——当遇到问题时，要么想不起来用AI，要么不相信AI能解决这些问题。

这个问题与工具本身无关，而是我们意识层面的问题。在AI出现之前，搜索引擎就能解决很多问题，然而大部分人遇到问题时经常想不起来去搜索。

如果你过去也是如此，那么希望你从现在开始培养运用AI的意识，将"万事不决用AI"牢牢嵌入你的思维模式。要知道，AI凝聚了人类几千年文明与智慧的精华，经过深度训练而成。虽然创新力尚不及人类，但其知识储备、信息处理能力甚至思维模式，都远超绝大多数普通人，AI能做的事远超我们的想象。

因此，今后当你在日常工作和生活中遇到任何问题时，请先问AI。即使某些情况下AI无法完全解决你的问题，它至少能提供一些思路，你与它的交流也会启发你更高效地解决问题。

为了拓宽你运用AI的思路，培养你在面对问题时主动使用AI的意识，我将根据AI的能力范围提供一些实践场景指导，激发你对AI应用的创造性思考。

AI的应用场景丰富多样，不胜枚举。我不会事无巨细地列出所有可能的例子——即使一万本书也难以穷尽。相反，我会基于AI的核心能力精选具有代表性的案例，让你直观体验AI的实际应用价值。因为相较于变化多端的"术"层面的技巧，我更希望你掌握"道"层面的思维模式，做到以道御术，以不变应万变。具体场景和技术可以千变万化，无穷无尽，但最根本的东西永远不变，那就是你运用AI的意识。

二、162个AI实践场景

我根据文本生成式AI（不包括多模态AI，后续会单独讲解）的能力，为你归纳了AI应用的八大类场景。

> **解答类**：AI解答人类关于世间万物的众多疑问。
> **信息类**：信息的收集、整理、汇总。
> **分析类**：事件和内容的策划、分析和解读。
> **模拟类**：各类场景、情景和角色模拟。
> **创意类**：想法的推荐和激发。
> **写作类**：各种形式的写作任务。
> **娱乐类**：有趣的娱乐消遣。
> **工具类**：把AI作为工具使用。

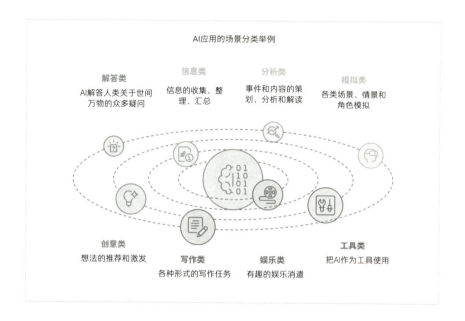

特别提醒：由于每个人的情况和需求不同，想要让提示词发挥更大作用，需要配合使用前面两章提到的方法。篇幅原因，这里不给出具体的提示词以及 AI 的生成，如果你对某些场景感兴趣，请自行用 AI 尝试。

第一类 解答类场景

委婉拒绝

请给我3种得体拒绝[具体事项]的表达方式。

共情回应

请给我一些当朋友抱怨[具体事项]时温暖的安慰方式。

关系修复

请给我一些修复因[具体事项]产生裂痕的关系的策略。

社交建议

- 请给我一些在[具体场合]与陌生人打招呼的话术。
- 我现在在一个饭局上,对面坐着的一个女孩很吸引我,但她好像有些内向,只和她旁边的朋友交流,她应该喜欢记录生活,一直拍照。我想和她打招呼,该如何开启话题?

职业规划

我对当前的工作不满意,我今年30岁了,想辞职重新规划我的人生,请你向我提出一些问题,引导我反思和规划我的人生。

策略咨询

我是一名服装零售商,我要给批发市场老板写一封邮件。某款衣服我只想进3件,但是一般20件才给批发,请帮我说服批发市场老板同意批发给我。

冲动制止

你怎么看从大厂裸辞去当旅行博主?用批判性思维和辩证思维来评价。

沟通策略

在……情况下，应该怎么沟通，才能解决……问题？

疑难指导

装修公司的人装修了一半，突然和我说我家地暖特别难铺，需要加钱，我该怎么办？

生活智囊

我明天要去做胃镜检查，请列出注意事项清单（饮食/着装/文件准备），用待办事项格式呈现。

问题解答

我在使用 Photoshop 时遇到了一个问题，具体是[问题描述]。请帮我分析可能的原因，并提供解决方法或替代方案。如果有必要，请推荐相关的学习资源或技巧，以帮助我更好地掌握相关功能。

购物助手

选购……时最应该注意的3个参数是什么？

第二类　信息类场景

信息获取

请帮我总结××领域今天的热点新闻。

查找近 3 年关于 [主题] 的 5 篇高被引论文，按 APA 格式列出。

注：APA 为 American Psychological Association（美国心理协会）的缩写

信息整理

- 将以下会议录音整理成结构化纪要，包含议题、决策、待办事项和负责人。
- 请根据 [会议录音/文字记录] 自动生成结构化纪要，要求包含 [智能分段/关键词提取/待办追踪] 三大模块，输出格式支持 [Markdown 表格/思维导图/时间轴]，并自动生成智能摘要（不超过 200 字）。

周报生成

根据本周工作内容，生成一份逻辑清晰的周报，包含成果数据、问题分析和下周计划。

简历优化

- 优化以下简历，突出 3 个与 [岗位名称] 匹配的核心能力，并用数据量化成果。

粘贴原简历→输入"用 STAR 法则改写工作经历，突出数据成果（如转化率提升 30%）"。

注：STAR 为 Situation（情境）、Task（任务）、Action（行动）、Result（结果）的缩写。

项目拆解

将 [大型项目] 拆解为 7 个执行步骤，为每个步骤标注风险点和所需资源。

高效学习

为[某领域]设计知识图谱,包含核心概念、关联案例和实践方法。

拆书助手

将《认知觉醒》的内容拆解为 20 条短视频文案,每条突出一个颠覆人们普遍认知的观点。

人脉管理

设计社交资产记录表,包含联系人价值标签、沟通频率和资源互换方案。

薪资谈判

设计[岗位名称]薪资谈判中应对 HR 压价的 3 种话术框架。

信息解读

- 请针对[具体政策名称],按[政策背景/核心条款/影响分析/操作指南]维度进行解读,要求:①标注政策原文出处和生效时间;②对比新旧政策差异;③用[思维导图/FAQ/案例分析]形式输出,同步生成政策申报自查表和风险提示清单。
- 用通俗易懂的语言解读以下财务报表,指出两个关键问题和一个改进建议。聚焦核心指标,分析成本、利润和现金流,助力财务优化。

注:FAQ为Frequently Asked Questions(常见问题)的缩写。

文本解读

请对指定文言文进行[原文标注/语法解析/白话翻译/文化阐释]4步处理，要求：①标注重点实词、虚词及特殊句式；②用思维导图展示篇章结构；③结合历史背景分析思想内涵，同步生成文言文词频统计结果和历史穿越模拟对话。

合同审查

上传合同PDF文件→输入"用红色标注对乙方不利条款，说明法律依据，并给出修改建议"。

总结概括

用300字总结这篇论文的核心内容，并标注3个创新点和两个潜在的缺陷。

学习辅助

- 请写一份关于[学科/技能]的学习笔记。
- 请将[具体知识点]转化为结构化知识卡片，要求包含[核心概念/关联知识/应用场景/记忆技巧]四大模块，支持[Markdown表格/思维导图/闪卡]格式，同步生成记忆曲线复习计划表和应用场景模拟题，标注信息来源及可信度评级。
- 请用通俗易懂的语言为我解释[复杂知识点]，并结合实际例子帮助我更好地理解。

辅助记忆

请为[具体知识点]创作记忆顺口溜。

观点论证

请你用逻辑清晰且有说服力的案例论证下面的观点。
[具体观点]。

观点批判

请你有力回击下面的观点。
[具体观点]。

逻辑提炼

请你提取下面内容的论证逻辑。
[你的内容]。

逻辑漏洞

我需要对[内容类型]进行逻辑漏洞分析,目标是[目标]。请提供具体的分析方法和步骤,并给出改进建议,确保最终内容逻辑清晰且无明显漏洞。如果可能,请附上示例说明。

阅读助手

请针对[图书类型/文献难度],按[结构拆解/认知脚手架/知识转化]3个阶段构建阅读方案,要求:①生成 SQ3R 阅读路线图+康奈尔笔记模板;

②嵌入[思维导图/概念图/因果图]可视化工具；③输出包含重点段落批注/跨章节关联分析结果/自测题库，同步生成阅读进度看板和讨论话题生成器。

注：SQ3R为Survey（浏览），Question（提问），Read（阅读），Recite（复述或背诵、回忆），Review（复习）的缩写。

第三类　分析类场景

计划制订

- 帮我制订一个[时间]的[计划名称]，目标是[例如：3个月瘦5千克]。
- 请为零基础学习者规划掌握[学科/技能]的3个月学习路径。

为我制订一份21天的减脂计划，包含饮食和运动安排。

项目分解

将[项目]拆解为可执行步骤，并为每个步骤标注风险点和所需资源。

项目管理

请为[项目]绘制甘特图，标出关键路径和资源冲突点。

产品定位

- 为[产品]做市场定位分析，包含目标用户、竞争对手和差异化优势。
- 请针对[产品类型/目标客群/竞品参照]，按[核心参数可视化/场景化描述/情感共鸣点]3个维度重构产品文案，要求：①植入[对比矩阵/用户证言/数据背书]增强说服力；②生成多版本适配[电商详情页/直播话术/社交媒体]；

③同步输出视觉优化建议和SEO关键词库。

注：SEO为Search Engine Optimization（搜索引擎优化）的缩写。

商业策划

为[项目]写一份商业计划书，包含市场分析、产品定位和盈利模式。

问卷调研

设计一份针对[目标用户]的调研问卷，包含10个问题。

竞品分析

对比产品A和产品B，列出3个优势、两个劣势和一个差异化的建议。请针对[行业/产品类型]，按[数据采集/分析框架/策略建议]3个维度生成竞品分析报告，要求：①覆盖功能矩阵/定价策略/用户评价/市场渗透率四大核心维度；②采用动态数据看板（支持自定义时间区间）；③输出包含SWOT对比图/雷达图/增长趋势预测模型，同步生成竞品漏洞挖掘清单和差异点。

注：SWOT为Strengths（优势）、Weakness（劣势）、Opportunity（机会）、Threat（威胁）的缩写。

数据分析

- 分析以下销售数据，找出3个增长机会和两个潜在风险。
- 用通俗易懂的语言解读以下财务报表，指出两个关键问题和一个改进建议。
- 分析客户流失数据，找出3个导致客户流失的主要原因，并提出两个有针对性的挽留策略。要求结合客户行为和反馈,提升客户留存率。

推广策略

帮我给[产品]写推广策略,需要包含目标受众分析、推广渠道、传播策略、预算制订、效果评估方案等。

趋势预测

- 基于[行业]最新数据,预测未来6个月的3个趋势。结合市场动态、政策变化和消费趋势,为战略规划提供前瞻性指导。
- 请以专业的金融分析师视角,分析当前国际股市的发展趋势和变化,重点关注[具体行业]的走势,并结合近期宏观经济数据预测未来3个月的市场变化。

设计思路

为[活动]设计一张社交媒体海报,包含主标题、副标题和行动口号。

转行评估

请建立[行业]从业者转向[行业]的技能迁移模型。

方案论证

- 我需要对[方案主题]进行方案论证,目标是[目标]。请提供一套系统的论证框架,包括如何分析方案的优势与不足、评估潜在风险、对比替代方案,以及如何通过数据或案例支持论点。如果可能,请附上具体的论证步骤和关键问题清单,以确保方案的科学性和可操作性。

决策支持

假设我要在曼谷开重庆火锅店,请你帮我分析可行性。

语义分析

请分析这段话的潜在含义。

第四类 模拟类场景

场景模拟

- 请根据我上传的简历,模拟一场[岗位名称]的面试。
- 我是做新能源汽车销售的,请你扮演一名挑剔的顾客来帮我训练销售能力。
- 请模拟在……情况下的最佳应对策略。

时空对话

- 你觉得老子和苏格拉底坐在一起会聊什么?请你结合历史背景模拟两人的对话。
- 想象一下,如果我们变成动画片里的角色,会进行什么样的冒险?

情景模拟

- 玄武门之变结束的当天,若李世民在深夜写下一段独白,你觉得他会写什么?
- 假如……能说话,它会……

心理咨询

请扮演专业心理咨询师,当用户描述情绪困扰时,按[情感疏导/认知重建/行为激活]3个阶段生成干预方案,要求融合[人本主义共情话术+CBT模型+正念减压技巧],同步提供心理自助工具包(含情绪日记模板/呼吸训练音频/思维记录表)。

注:CBT为Cognitive Behavioral Therapy(认知行为疗法)的缩写。

作者模拟

请你扮演《×××》这本书的作者,以作者的身份回答下面我不太理解的地方。
[你的疑问点]。

描述画面

请用充满诗意的语言描述[对象]。

税务规划

我需要一份关于[税务类型]的税务规划建议,目标是[目标]。请结合[具体情况]提供清晰、可行的策略,并列出需要注意的关键点或潜在风险。

深度思考

请针对[具体问题/现象],按[哲学三问/科学三问/行动三问]框架构建思考路径,要求:①每个维度设置5个递进追问环节;②结合[苏格拉底诘问法/第一性原理/系统动力学]思维模型;③生成包含认知盲区检测表/思维实验生成器/认知偏差校准器的互动工具包。

模拟辩论

我是一个手机壳制造小老板，我在考虑从杭州搬去深圳发展，请扮演企业家×××和×××，两人讨论这个决定。

投资建议

你是一位有20年工作经验的私人理财投资顾问，请根据我的风险承受能力[低/中/高]和投资目标[短期/长期]，为我推荐合适的投资组合，并说明理由。

风险管理

请为我设计一个针对[具体金融产品]的风险管理方案，包括风险识别、风险评估和风险控制。

法律顾问

描述事件经过→输入"1.分析公司行为违反哪些《中华人民共和国劳动法》条款；2.列出可主张的赔偿项目及计算方式；3.提供劳动仲裁申请书模板"。

活动策划

策划星空主题婚礼（50人规模），请列出灯光/花艺/甜品台设计要点，附物料清单和预算表。

视角模拟

请以流浪猫的视角讲述……

极限假设

假如……为零,……会变成什么样?

逆向思考

请从相反的角度思考……

第五类 创意类场景

头脑风暴

我是一名[行业]的产品经理,帮我就[主题]进行头脑风暴,不少于[数字]个点子,不能重复,需要有明显的差异性。

面试准备

请生成面试[岗位名称]岗位的高频问题和应答策略。

创意激发

《哪吒之魔童闹海》(简称《哪吒2》)爆火之后,请你为《哪吒3》策划剧情。

我孩子刚出生,是女孩,我姓×,请你为我的孩子取一些好听的名字。

书单推荐

请生成[具体领域]方面的推荐书单,包含书名、作者和简介等内容。

创意设计

帮我设计一个用于[对象]的标志,主题是[主题],风格是[风格],主色调为[颜色],需要体现[核心元素或理念]。

话术生成

- 针对[问题],生成5条专业且友好的专属客服回复话术。
- 我是一名[行业]的打工人,帮我写一段面向陌生同事的话术内容,不要太长,用于[使用场景]。

创意生成

请将……和……结合起来创造一个新事物。

选题策划

- 请推荐10个[领域名称]方面的优质选题。
- 帮我生成10个吸引眼球的[主题]标题,要求包含语气词并设置悬念、强调效果,以吸引读者。

促销话术

针对[节日]写一条[产品]促销短信,包含活动时间、优惠信息、促销口号。

创意文案

帮我给[产品]写 10 个广告创意文案，文案要不失幽默，每个的字数控制在[数字]左右，且不重复，要有明显的差异。

直播话术

为一场两小时带货直播设计脚本，包含暖场、产品对比等环节。

方案策划

我是一名[职业]策划人，帮我写一个线下读书会活动的方案，需要包含但不限于策划目标、详细计划、所需资源和预算、效果评估、风险应对等内容。

诗歌创作

- 帮我写一首关于[主题]的诗歌，格式是[古诗词或者现代诗的格式]。
- 用李白的风格写一首诗，描写春节期间一个人加班的苦闷心情。

品牌故事

以[品牌]的背景写一篇品牌故事，突出品牌理念，让用户产生共鸣。

活动策划

给[主题]社群设计 7 天的运营话术，包含欢迎语、每日话题和互动游戏。

卖点挖掘

为[产品]写一段吸引人的描述,突出3个卖点,并说明使用场景。

差异挖掘

对比[产品 A]和[产品 B],列出各自的 3 个优势、两个劣势,以及它们的一个差异点。

定价策略

分析[竞品]间的定价策略,给出 3 个优化建议。结合成本、市场定位和客户感知,制订更具竞争力的价格体系。

金句生成

为[主题]文章生成 10 个金句,要求结合热点事件和年轻人的痛点。

建议助手

- 请推荐一些适合在业余时间培养的兴趣爱好。
- 请推荐几部适合放松心情的电影或电视剧。
- 请推荐适合……时聆听的音乐。

第六类 写作类场景

走心文案

我需要一份令人感动的生日文案,对象是[例如:父母、朋友、恋人等],

风格偏向[例如:深情、幽默、文艺等]。请结合[具体情境,例如:回忆过往、表达感激、展望未来等],撰写一段真挚动人的文字,字数控制在[例如:100字]左右,并确保内容能够引发情感共鸣,让人感受到满满的爱与祝福。

内容回复

- 帮我以[职业]身份回复下面提供的邮件内容,我要在邮件中告知对方[一句话简述内容要求]。

[这里输入邮件内容]。

- 帮我以店主的身份回复下面提供的评论内容,需要对评论中提到的问题进行正向回复,态度亲和、用语礼貌。

[这里输入评论内容]。

- 帮我写一个发布在[平台]上对[评价对象,如电影]的好评,字数不少于[数字,如100字]。

创意标题

帮我写 5 个面向[人群]宣传[产品]的品牌营销标语,要求简洁吸睛,富有创意。

邮件写作

写一封主题为[主题]的正式邮件,需包含委婉拒绝话术、替代方案和后续跟进计划。

大纲生成

帮我生成一个关于[主题]的大纲,用于[使用场景]PPT的制作。

周报写作

我的职业是[职业],帮我写一份周报,包含工作内容、工作成果以及下周计划。

会议纪要

帮我写一个讨论[主题]的周会会议纪要,语气要正式,需要包含周会的主要讨论内容、核心结论以及下周计划,字数在[数字,如500字]左右。

创意写作

帮我写一个小说,类型为[例如:穿越],以一个刚穿越到唐朝的女医学生为主角,字数在[数字,如1000字]左右。[其他补充要求]

申请报告

帮我写一个关于[主题,例如:出差]补助的申请报告。

内容脚本

帮我写一个用于视频制作的脚本,主题是[主题],要求情节完整、结构清晰,请以表格形式输出。

生成一个[时长]的[主题]的短视频脚本，包含开场悬念、中间反转、结尾行动号召，并具备至少3个特写镜头。

演讲发言

我是一名[职业]，帮我写一篇演讲稿，主题是[主题]，字数为[数字]字左右。

短文案

帮我生成一条关于[主题]的朋友圈短文案。

总结报告

我是一名营销专家，帮我写一个关于[主题]的市场调研报告，需要包含调研背景、调研目标、调研方法、市场分析、总结建议等内容，以总分总结构呈现。

论文写作

我的研究领域是[研究领域]，帮我写一篇关于[主题]的论文。

自媒体文章

我是一个博主，帮我写一篇关于[主题]的[平台，如公众号、知乎、头条等]文章，需要符合该平台写作风格。

以[风格]写一篇关于[主题]的深度文章，包含 3 个分论点，每个分论点都给一个案例。

小红书笔记

以"3 个技巧 +一个避坑指南"的结构，写一篇[主题]的小红书图文笔记。

脚本写作

请生成一个[时长]的直播脚本，包含开场互动、干货分享和促销环节。

周报助手

请根据[项目进度/工作日志/会议记录]自动生成结构化周报，要求：①包含[核心进展/关键数据/风险预警/下周计划]模块；②以甘特图/柱状图/折线图展示；③自动生成摘要版（200字以内）和详细版（800字以内），同步生成风险应对方案库和跨部门协作优化建议。

文件撰写

请根据[文件类型/使用场景/受众层级]自动生成标准化文档，要求：①包含[框架搭建/内容填充/合规审查/美化排版]完整流程；②集成[智能纠错/引用生成/版本对比]工具；③输出包含写作指南/模板库/术语词典，同步生成多语言适配方案和签署风险提示清单。

公文写作

请根据[文种类型/紧急程度/发文机关]自动生成标准化公文,要求:①智能匹配《党政机关公文格式》国家标准(GB/T 9704—2012);②集成[政策法规库/历史公文模板/错敏词检测]三大引擎;③输出包含起草说明/版本对比/签署风险提示,同步生成公文流转追踪系统和多层级审核流程图。

第七类 娱乐类场景

食材生成

用[×××]食材制作3道低热量菜肴,详细说明烹饪步骤、烹饪时间和营养数据。

旅游规划

设计一份[地点]的7天旅行计划,包含景点、美食、交通、住宿的建议。

段子生成

请基于[职场/校园/家庭]场景,用[冷幽默/谐音梗/反转]风格创作3条段子,要求每条必须包含[具体物品+夸张对比+网络热梗]元素,并采用"铺垫+转折"的结构。

吵架助手

请扮演智能吵架助手,当用户输入争执对话片段时,实时分析对方逻辑漏洞,生成3种不同风格的反击话术(温柔拆解/毒舌反讽/科学论证),并同步提供情绪降温策略和关系修复方案,要求每种话术都包含至少一个网络流行梗和一个心理学效应。

解梦大师

请根据用户描述的梦境内容,按[心理学解析/文化对照/行动建议]3个维度生成解析报告,要求:①标注弗洛伊德/荣格理论对应点;②结合周公解梦/网络热梗进行趣味对照;③输出包含解梦可信度指数(0~100)、压力值评估、个性化缓解方案,同步生成解梦四格漫画和梦境重构创作工具。

吐槽大师

请针对[具体场景/对象],用[毒舌/冷幽默/阴阳怪气]风格生成3条吐槽话术,要求每条都包含[夸张对比+网络热梗+数据佐证],并同步生成"槽点分析报告"。

生活建议

- 请给我一些适合[具体场合]的穿搭建议。
- 我需要一份穿搭建议,场景是[场景],风格偏向[风格],主要颜色为[颜色]。请根据我的需求提供搭配建议,包括上衣、下装、鞋子和配饰的选择,并考虑[其他要求]。

为×××平方米三室一厅的户型提供[风格]的效果图,标注空间利用率。
请推荐一份营养均衡且适合上班族的一周食谱。
● 我想买部新手机,华为Pura 70与华为Mate 60哪一款更适合我?我的需求是电池续航时间要长,拍照性能要好。

情绪管理

针对焦虑/拖延场景,生成"应对策略+执行清单"。

育儿支持

5岁孩子英语启蒙遇到兴趣瓶颈,请设计10个家庭互动游戏,融合自然拼读和肢体运动,附带所需材料清单。

潜规则识破

上传设计图纸→输入"列出水电改造验收标准:线管间距要求,打压测试参数,常见偷工减料迹象(附对比图例)"。

真诚道歉

请针对……过失给出真诚道歉的方案。

第八类 工具类场景

代码生成

用Python写一个×××脚本,要求实现异常处理功能。

解释下面这段代码报错的原因（附错误日志），并提供两种修复方案。

文本校对

请检查以下内容的语法、拼写和标点，并给出修改建议。

调整语气

帮我将以下内容的语气调整为××的。
[这里输入内容]。

内容润色

帮我对以下内容进行润色，要求语言风趣幽默。
[这里输入内容]。

内容仿写

- 请你以××为主题，仿写下面的内容。

[这里输入内容]。

- 请你模仿××风格，为我生成一篇以××为主题的文案。

以《自然》(Nature)期刊格式重写这段方法介绍，突出实验设计的可重复性。

内容扩写

请你扩写下面的内容。
[这里输入内容]。

内容简写

请你简化下面的内容。

[这里输入内容]。

内容翻译

请将这段中文摘要翻译成英文,确保专业术语符合 IEEE 标准。

注:IEEE 为 Institute of Electrical and Electronics Engineers(电气电子工程师学会)的缩写。

排版专家

请你按照[平台]的最佳阅读规范,为我排版下面的内容。

[这里输入内容]。

图表生成

- 请生成关于[具体事项]的流程图。
- 请为[具体事项]制作一个详细的思维导图。

PPT 设计

- 请给我一份关于[主题]的 PPT 设计建议,包括每页的内容和布局。
- 请为[主题]设计10页PPT,每页都用"图标+金句"结构呈现。

标志设计

生成咖啡店标志,设计说明:包含猫爪元素,主色系为马卡龙色系,使用场景为包装/门头/网站,附Midjourney提示词英文版。

清单助手

请生成……的必需品检查清单。

第二部分

用AI百倍提升工作效率！

第四章

智能助力：
让你每天早下班的AI工作流

知识要点

1. 挖掘具体场景的底层逻辑
2. 延伸场景用法

CHAPTER 4

虽然前面已经给出了很多启发你想象力的场景和案例，但是抛开宏大叙事，落到实际的工作和生活中，我们更关心的是 AI 在自己所在的行业，甚至当前的工作岗位中能做什么，能带来什么效果，以及如何操作。

我经常收到以下类似提问。
我是一个产品经理，我该怎么用 AI？
我是一名设计师，我该怎么用 AI？
我是一名销售员，我该怎么用 AI？
我是一名运营人员，我该怎么用 AI？
我是一个自由职业者，我该如何用 AI？
我是一名大学生，我该怎么用 AI？
....

所以，本章就来演示 AI 在具体业务流程中究竟是如何帮助我们的。我会通过一个底层逻辑和 3 个延伸场景来让你的工作的所有可能环节全面接入 AI 工作流，实现效率的倍增。

一、挖掘具体场景的底层逻辑

假设你是某个岗位的负责人,但是不知道 AI 可以帮助你做什么,那么你可以利用 AI 来帮你找到"AI 在你岗位"的应用场景。

步骤 ❶ 根据具体业务挖掘场景

比如,如果你是一名新媒体运营人员,但是不知道 AI 可以帮你做什么,你就可以直接把这个问题抛给 AI,让 AI 告诉你它能帮你做什么,以达到挖掘应用场景的目的。

> 🧑 我知道 AI 的能力很强,但是我不知道该如何让 AI 和我的工作岗位结合形成实际的生产力。我是一名新媒体运营人员,请你告诉我,在我的工作中,你究竟能帮我做什么。请具体、详细些,要给出具体的场景和案例。
>
> 🤖 作为新媒体运营人员,AI 可以成为你的"全能助手",从内容创作到数据分析,从用户互动到广告优化,几乎每个环节都能通过 AI 提升效率。以下我将结合你的工作场景,给出具体可落地的解决方案和案例,帮助你快速将 AI 转化为生产工具。
> 后续生成内容略。

当你把问题给到 AI 之后,它会非常详细地告诉你,你可能会在哪些场景用到它。但是这个时候一般只是泛泛而谈。因此,如果你希望得到更具体的建议,可以在 AI 给你的场景中挑出你所关心的,或者让 AI 给出更多场景。

步骤 ❷ 利用 AI 挖掘细分场景

> 🧑 除了这些还有更多场景可以帮助我吗？
>
> 🤖 当然！AI 在新媒体运营中的潜力远不止于此，以下补充 10 个细分的场景，涵盖从内容安全到跨平台协同，甚至团队管理，助你进一步释放生产力。
>
> 后续生成内容略。

当你通过 AI 获取的场景足够多了之后，你就可以让 AI 再根据你所关心的细分场景挖掘出更多具体的结合点。

> 🧑 很好，我对"内容创作"非常感兴趣，但是在这个环节你给的场景比较少且不太具体，请你给我更多、更具体的场景。
>
> 🤖 好的！对于内容创作环节，我将细化到五大细分场景，每个场景都提供工具/操作步骤+真实案例+避坑指南，帮助你直接套用。
>
> 后续生成内容略。

此外，你还可以让AI对你感兴趣的其他板块（比如数据分析、私域运营、用户增长、广告投放等）进行挖掘。

> 🧑 很好，我对"私域运营"这块也非常感兴趣，但是在这个环节你给的场景比较少且不太具体，请你给我更多、更具体的场景。
>
> …………

步骤❸ 根据需求打造具体用法

当你通过 AI 的引导学到足够多的内容，想象力打开了之后，你就可以根据具体的业务需求，把那些启发了你的场景拿出来，做成固定的 AI 工具，以供你长期调用。

比如，如果你对 AI 提到的"小红书'种草'文案一键生成（附公式）"这个场景感兴趣，那么你可以这样做。

> 🧑 我对你提到的"小红书'种草'文案一键生成（附公式）"这个场景非常感兴趣，请你结合你所提到的方法论以及思路，为我生成提示词，以供我直接套用。

然后，AI 就会帮你直接生成工具性的提示词，你只需要在实际业务场景下简单修改，它就能变成你的得力小助手。

> 🤖 以下是专为小红书"种草"文案设计的 AI 提示词模板，已根据公式和平台调性优化，你只需替换关键词即可生成高质量文案。
> 后续生成内容略。

同理，AI 提到的其他场景，诸如视频脚本、优秀选题、评论助手等，你都可以如法炮制。当类似于这样的小助手积累得足够多的时候，你的效率就会大大提升。

二、延伸场景用法

场景1 AI 工作规划和管理

在工作中，项目规划、分解及管理是确保计划落地执行的关键，但这个过程往往十分费时费力，且常常面临"计划赶不上变化"的挑战。如果你经常需要进行规划和管理，AI 能显著提升你的效率。

下面将以健身计划为例，为你展示利用 AI 进行规划和管理的实操过程。

1. 描述需求

> 🧑 我是上班族，正在准备参加公司组织的健身挑战赛，请你帮我制订从 3 月 1 日到 3 月 31 日的健身计划，并根据计划生成导入日历的 ICS 代码，提醒并监督我执行。
>
> 请注意：
>
> 1.我的自控力不强，我需要一个轻量化、趣味性的计划，我的薄弱点是核心力量弱和耐力差；
>
> 2.你给我的计划必须具体，要具体到每一天需要做什么。
>
> 🤖 以下是为您量身定制的 31 天趣味健身计划，包含核心强化、耐力提升和趣味挑战。计划采用游戏化设计，每周设置不同主题，并附 ICS 日历代码。训练时间控制在 20~30 分钟/天，适合上班族执行。
>
> 后续生成内容略。

和前面的思路一样，如果你觉得 AI 制订的计划不合理，你可以通过多轮调教的方式让它制订出更符合你心意的计划，这里不赘述了。

2. 提上日程

如果想要把 AI 生成的计划导入日历软件以提醒并监督我们完成，那么可以按照下面两个步骤实现。

步骤❶ 复制 ICS 代码

复制前面 AI 给的 ICS 代码，新建一个记事本，把代码粘贴进去，然后保存为 .ics 文件。（注：ICS 是日历软件的一种内容格式，日历的所有设置都以 ICS 代码形式呈现。）

步骤❷ 打开日历软件

大部分手机、计算机自带的日历或者第三方日历 App 都支持 ICS 代码导入，导入后即可实现日程规划安排，同时附带提醒功能。

导入成功之后就可以看到一个非常清晰的计划安排。

场景 2 获取行业资讯及信息源

在许多行业中，我们都需要及时获取最新的前沿资讯和时事热点。通常，我们会依赖搜索引擎或社交媒体推送来获得这些信息。但是这种方式不仅效率低下，而且内容也往往杂乱无章，需要花费大量时间去筛选。因此如果你经常有获取行业动态或其他热点信息的需求，但又不想在搜索或被动接收上浪费过多时间，那么 AI 无疑是你最好的助手。

下面以获取 AI 领域的资讯为例进行讲解。特别提醒：此场景需要开启"联网搜索"功能。

> 👤 请把今天 AI 领域最新、最热的新闻资讯整理后汇总给我，并附上来源。
>
> 🤖 2025 年 2 月 27 日 AI 领域热点新闻汇总
> 后续生成内容略。

如果你不想要太宽泛的信息，可以指定更具体的关键词，让 AI 整理出你关注的资讯。

> 👤 请聚焦与 AI 产品相关的新闻资讯，我更关注与 AI 产品相关的内容。
>
> 🤖 2025 年 2 月 27 日 AI 产品相关新闻汇总
> 后续生成内容略。

同理，如果你想获得其他任何领域的咨讯或者信息源，也可以运用此方法，让 AI 自动帮你搜索、整理并将资讯或信息源以你预期的形式呈现给你。

> 你：今天在投资市场方面有什么有价值的新闻？
>
> AI：2025 年 2 月 27 日全球投资市场重要新闻汇总
>
> 后续生成内容略。

场景3 用 AI 操控软件

在日常工作中，我们经常需要使用 Photoshop、Office 等软件来完成特定任务，但这些软件操作复杂，即使有 AI 指导，使用难度也仍然较高。如果你需要频繁使用各种软件实现不同效果，却觉得操作烦琐或不知从何入手，让 AI 为你生成相关脚本能大幅减轻负担。AI 不仅能提供操作指导，还能直接生成功能脚本和代码，帮你实现所需功能，避免烦琐的手动操作。

以操作 Photoshop 为例，如果你想把你的图片变成小清新风格，并加上一些水印，但是不知道如何操作，那么你可以直接让 AI 帮你。

> 你：帮我写一个 Photoshop 脚本，实现把图片变成小清新风格，并在中间加上一个"AI 效率手册"水印。请指导我怎么用这个脚本。
>
> AI：以下是为你编写的 Photoshop 脚本及使用说明。
>
> 后续生成内容略。

之后,你只需要按照 AI 给你的指引,把脚本应用到相关软件里,即可一键实现你想要的效果。

注意:由于软件可能存在版本差异,建议在请求 AI 生成时指定你软件的版本号,这样可以减少不必要的错误。

同样,Premiere、After Effect、PowerPoint、Word、Excel等软件都可以通过脚本的方式让 AI 直接带你完成操作。

第五章

文档处理专家：
轻松应对各类
烦琐文档的AI方案

知识要点

① 用 AI 让 Office 更高效

② 用AI 轻松管理知识和文件

③ 效率全开，AI 批量处理任务

CHAPTER 5

在日常工作中,处理各类文档无疑是职场人最耗时的任务之一。从撰写冗长的报告、整理杂乱无章的Excel数据表格,到反复调整PPT格式——这些工作悄无声息地吞噬着我们宝贵的时间和精力,让人深陷机械、琐碎的泥沼。

那么,AI能如何帮助我们高效处理这些烦琐的文档任务呢?下面分享三大提效工具及其应用策略,这将改变你处理文档的方式,让你从琐碎工作中解脱出来,专注于更有价值的事情。

一、用AI让Office更高效

在日常办公中,处理各类文档时,我们最大的痛点往往来自与 Office 软件(如 Word、Excel、PowerPoint等)相关的场景。对于传统的 Office 软件,我们要想实现高效操作以达成目的,门槛极高且通常需要大量的时间及精力。即使一些文档软件嵌入了 AI 助手,也难解决一些问题,因为AI助手要么功能简单,要么花不少钱才能使用。

如果你经常用 Office,那么 OfficeAI 助手就是你离不开的工具。安装完成后,你可在Office 中直接使用 AI 功能,从此你就再也不需要手动操作各种复杂的公式、函数或排版规则,一切工作完全通过对话完成。

更重要的是,你可以在 Office 里使用诸如 DeepSeek、ChatGPT 等主流 AI,不需要花一分钱去开通软件厂商的 VIP 服务。如何免费获取OfficeAI助手并使用呢?

> 步骤1:从OfficeAI官网免费下载工具。
> 步骤2:将下载好的工具安装到你的设备上。
> 步骤3:打开 Office,即可看到AI对话界面。
> 步骤4:免费使用。

当你在Office中启用AI助手后,各种功能和操作都可以通过简单对话实现,包括文案创作、文章润色、会议纪要整理、内容续写、智能互动、写作建议、智能校对、一键排版、图片生成、智能文本替换、图片文字提取、数据分析以及复杂的表格操作等。

二、用AI轻松管理知识和文件

在信息爆炸时代，管理海量数据令人头疼。我们最大的痛点是，当文件激增时，信息散落在各处且缺乏逻辑关联，导致需要时难以快速找到、提取或整理出有用内容。这对频繁处理各类信息的职场人和学生而言简直是噩梦。

如果你需要高效获取、整合、管理和应用各类知识文档，AI知识库将是必不可少的工具。

AI知识库是由AI驱动的内容管理工具，专为解决知识与文件管理痛点而生。无论是笔记、PDF文档、Word文档、视频、音频还是网站内容，你都可以直接导入系统。无须标识、备注、分类或整理，AI知识库会自动梳理内容间的关联，今后你只需提问即可找到所需信息。

更令人惊叹的是，AI知识库不仅能快速调出内容并注明来源，还能生成可视化思维导图，甚至可以基于你的内容创建互动式音频博客，实现难以想象的效果。

目前市面上有两款出色的AI知识库工具：

腾讯的ima，搭载自家混元AI模型和完整版DeepSeek；

Google的NotebookLM，由强大的Gemini AI驱动。

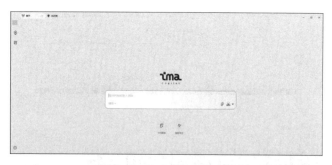

两款工具对个人完全免费，你可以自行下载体验，本书不在工具介绍上花太多篇幅。下面我用场景来启发你怎么激发出AI知识库的生产力。

场景1 主题研究

把你喜欢的书上传给 AI 知识库，然后基于这些书与AI进行对话，让 AI 模拟各大作者，你引导它们进行碰撞。

场景2 快速提取并生成笔记要点

把你喜欢的视频链接或者视频和音频文件"扔"到 AI 知识库，让 AI 自动帮你提取并生成笔记要点。

场景3 打造你的数字分身

把你较为私人的资料（不要上传账号密码等绝密信息），比如日记或者你日常的所观所思等存放到AI知识库里。时间久了，你会发现 AI 比你自己还要了解你。长期下来你可以将AI打造成自己的数字分身，在遇到问题的时候，让 AI 基于对你的了解更有效地提出针对性策略。

场景4 文档交叉处理

如果你需要寻找或者比对一些文档，那么你可以把要操作的文档"扔"给AI知识库，让 AI 自动总结其共性、不同点、主题间的潜在关系，挖掘出更多有趣的内容。

三、效率全开，AI 批量处理任务

使用AI时，你会发现一个明显限制：AI通常只能一次处理一个问题或任务，无法执行多线程工作。比如，你想让AI基于某个选题同时生成100篇高质量小红书文案，常规AI平台很难满足这种需求。

实际工作中，我们经常需要AI大规模批量处理一些事情，如分析数千条用户反馈、批量创作内容、生成创意、处理文档或图片等，这些都超出了常规AI的服务范围。那么如何解决这一问题？

这时就要用到飞书多维表格。

飞书多维表格是飞书的功能之一，内置的AI具有强大的能力，并接入完整版DeepSeek（R1）模型，能够以表格行为单位与AI对话。利用这一特性，我们可以通过向各行提供内容并设置提示词，轻松实现批量任务处理。

下面以批量生成高质量小红书文案为例，说明具体操作方法。

步骤❶ 用 AI 获取高质量小红书标题

> 你 请你生成 50 个 "个人成长" 领域的高质量小红书标题。以表格的形式给我。
>
> AI 以下是基于AI知识库信息生成的 50 个 "个人成长" 领域高质量小红书标题，结合数字、情绪关键词、实用价值等要素，并标注灵感来源。
>
> 具体生成内容略。

步骤❷ 进入飞书,新建多维表格

①在百度搜索飞书,或者下载飞书客户端,登录之后进入文档页面。

②单击右上角的【新建】按钮,在弹出的列表中选择【多维表格】。

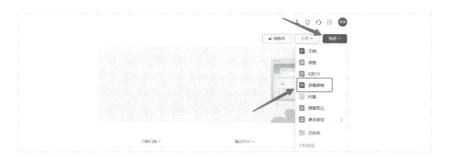

步骤❸ 配置AI

①把前面AI生成的标题粘贴进去。

②单击旁边的加号,选择【探索字段捷径】。

③在弹出的列表里选择【DeepSeek R1】,当然你也可以自定义其他AI。

步骤❹ 设置AI提示词

①在弹出的对话框中打开【选择指令内容】下拉列表,选中前面粘贴进来的标题列。

②输入你想要AI工作的提示词,单击【确定】按钮。

步骤❺ 要求AI批量生成

当你单击【确定】按钮之后,飞书会弹出一个提示框询问你是否生成全列,此时单击【生成】按钮,AI就会批量生成小红书文案。

瞬间你就可以获得50篇高质量小红书文案!

第六章

专业分析师：
从"小白"到专家，
AI辅助生成研究报告全攻略

知识要点

❶ 如何用 DR 获得高质量研究报告？

❷ DR 有哪些适用场景？

CHAPTER 6

对于对内容质量要求比较高的市场调研分析报告、商业策划案，我们在日常的工作中应该如何有效运用AI来撰写？

我推荐当前市面上的强大 AI 研究工具——Deep Research（简称DR）。DR由 OpenAI 推出，它不同于普通的推理型AI，更像是一位真人专家（Agent）。

你只需提供研究主题，DR 便会自主规划多步任务，执行搜索、分析、合成与推理，并在 5~30 分钟内生成详尽的研究报告。若精度要求更高，完成时间可能更长。其内容严谨、可靠，避免了常见的AI幻觉，每个引用均有据可查，还能自动对比矛盾信息，提取可信度权重，并在研究过程中自主确定策略、解决问题。

行业专家深度评测后指出，DR 生成的研究成果优于市面上多数专业咨询机构提供的，它堪称当前最接近 AGI（通用人工智能）的产品。因此，若你的工作场景对内容质量要求极高，甚至需专业咨询团队介入，DR无疑是最佳选择。

一、如何用 DR 获得高质量研究报告？

步骤❶ 获取博士级 AI 研究工具

OpenAI 的DR是比较领先的AI工具，不过目前 OpenAI 对部分 ChatGPT Plus 用户开放了这个功能，如果你有ChatGPT Plus 账号，优先推荐使用这款。

其次是Genspark的DR、Grok 的 DR、Perplexity 的 DR，以及 Google 的 DR，这几款工具虽然能力和OpenAI的DR有一定差距，但是大部分场景也够用了，更重要的是它们都免费。

而国内这一领域，Manus是较先进的，甚至评测超过OpenAI的DR，有条件的用户可使用Manus；其次是秘塔搜索，经过测试，其水平达标，因此如果你没有条件使用前面几款，则推荐使用这款（特别注意，使用时需要打开【长思考R1】开关并选择【研究】模式，才能获得高质量内容）。其他 AI 工具目前暂时不进行推荐。

当我们有了好用的工具之后，就可以明确研究内容了。

步骤❷ 利用 AI 定义任务

在OpenAI的DR（下文皆为OpenAI的DR）里写提示词很简单，除非你有特别的要求，否则不需要对 AI 进行过多的限制。提示词越简单、直接，反而 AI 生成的效果越好。

这里以"AI 对内容创作者的影响，以及未来内容创作者的可能出路"这个课题为例展示提示词的写法。

> 🧑 我想研究下"AI 对内容创作者的影响,以及未来内容创作者的可能出路"这个课题,请你为我生成一份系统而全面的分析研究报告,并根据报告内容附上你自己的洞见。

在一些比较专业的领域里,如果你担心你提的问题不够具体,影响 AI 回复的质量,可以用反向追问的提示词让AI确定好你的具体需求之后再开始行动。

> 🧑 我想研究下"AI 对内容创作者的影响,以及未来内容创作者的可能出路"这个课题,请你为我生成一份系统而全面的分析研究报告,并根据报告内容附上你自己的洞见。
> 在你行动前,如果你觉得我的问题不够具体,请你先向我提问,确定了我的具体需求之后再开始行动。
>
> 🤖 为了确保研究方向的精准性,请确认以下几个关键问题。
> 1.研究范围:是否需要区分不同类型的内容创作者(如文字/视频/音频/艺术创作者)?是否需要针对特定平台(如 YouTube/抖音/B 站/Spotify)的差异化影响进行分析?
> 2.时间维度:是否需要重点分析 2023 年生成式 AI 爆发后的最新变化?对"未来"的定义是未来 3 年还是 5~10 年?
> 后续生成内容略。
>
> 🧑 研究范围:以图文创作者为主,平台不限。
> 时间维度:大约未来 10 年。
> 地域侧重:以中国为主。

> 评估维度：不限，你自行发挥。
> 数据需求：需要量化分析，数据尽可能精准。

步骤❸ 等待获取研究报告

当你把提示词发给 AI 之后，剩下的就是等待了。DR和寻常的推理型 AI 不同，为获得高质量内容，它会调用更多工具，需要更多的时间去搜索、分析、整合，这通常需要几分钟到几十分钟。

等 AI 行动完成之后，你就可以得到一份专业且翔实的研究报告。它的参考资料甚至会多达几百份，并且它会把报告中所有用到的信息源给你列出来供你溯源验证。

步骤❹ 对生成内容进行调教

报告生成之后并不意味着任务结束了，如果你在读报告的过程中有不满意的地方，你同样可以用多轮调教的思路让 AI 对报告进行修改，直到达成你的目标。

> 👤 很好，请你更侧重图文创作者，生成一份完整且系统的调研分析报告。
> 👤 请你去掉××部分。
> 👤 请你精简一下××部分。
> 👤 ××部分不够翔实，请你提供更多的数据和案例支撑。
> ……

二、DR有哪些适用场景？

1. 投资指导

对于涉及投资的问题，常规的推理型 AI 生成的内容几乎不具备参考性，这个时候就可以用 DR 来进行研究。

提示词示例：

> 请你先在全世界范围内系统搜索、整合特斯拉的利空或利好消息，要真实有效的数据，或者有理有据的分析。

2. 职业规划

对于涉及职业选择的问题，常规的推理型 AI 往往捉襟见肘，这时候就可以用DR 来帮你梳理情况，生成职业规划供你参考。

提示词示例：

> 请你先在全球范围内系统搜索、整合 AI 行业的最新发展趋势、主要公司的招聘需求和薪资水平，以及从业者的职业满意度数据，然后给我一份 2025 年进入 AI 行业的职业规划建议，包括推荐的具体岗位和技能要求。

3. 教育选择

选学校、挑专业关系到未来几年的学习和人生方向，常规的推理型 AI 提供的信息和见解参考价值较低，这时候DR就能派上用场了。

提示词示例：

> 我是 2025 年高考生，想报考计算机专业，请你先在全国范围内系统搜索、整合计算机专业前 50 名的大学的排名、课程设置、毕业生就业率和学费数据，然后告诉我 2025 年报考哪所学校性价比最高，并附上具体的建议。

4. 大宗消费

涉及大宗消费，比如买房买车，常规推理型 AI 给的信息参考价值不高，而自己跑去看房、调研又很累，数据还不全。没关系，这时候 DR 能帮你搞定一切。

提示词示例：

> 请你先在北京市范围内系统搜索、整合 2023—2024 年房地产市场趋势、各区房价走势、交通便利性、学区资源和社区设施数据。

5. 健康管理

网上涉及健康的信息要么太杂乱，要么不够科学，自己去研究医学资料又看不懂专业术语。这时候，DR 能帮你把复杂问题简单化。

提示词示例：

> 请你先在全球范围内系统搜索、整合关于减肥的最新科学研究、饮食方案效果对比和运动计划的真实案例数据，然后告诉我最适合 30 岁白领的减肥方案，并附上具体执行建议。

6. 创业决策

对于创业这种高风险的事，信息不对称可能导致血本无归，常规推理型 AI 的分析往往不够深入，而自己调研成本又太高。这时候，DR能帮你全面分析，给出合理建议。

提示词示例：

> 请你先在全球范围内系统搜索、整合 2024 年咖啡店行业的市场趋势、消费者偏好、供应链成本和成功案例数据，然后对 2025 年在北京开一家小型咖啡店进行可行性分析，并附上具体的经营建议。

7. 法律咨询

遇到常规法律问题时，找律师成本太高，而常规推理型 AI 的建议又不敢相信，自己也不太可能研究。这时候DR能帮到你。

提示词示例：

> 请你先在全国范围内系统搜索、整合关于租房合同纠纷的最新法律法规、案例判决和律师建议，然后告诉我 2025 年如何处理房东擅自涨租的问题，并附上具体的应对策略。

第七章

可视化利器:
用AI打造完美PPT

知识要点

① 如何用 AI 高效设计 PPT?

② 如何用 AI 高效制作可视化图表?

③ 如何用 AI 生成大量图片素材?

CHAPTER 7

俗话说"一图胜千言",在日常工作中,内容的可视化呈现至关重要。无论是研究报告、教学分享,还是社交媒体内容,都需要借助 PPT、高级图表和合适的图片素材,将枯燥的文字转化为一目了然的视觉内容。

然而,制作可视化内容并不简单,不仅涉及烦琐的工具操作,还考验个人创意能力,会耗费大量时间和精力。

本章精选3个典型的内容可视化场景,并通过有效运用AI高效解决 PPT 设计、图表制作和图片素材生成难题。

一、如何用 AI 高效设计 PPT？

如果你受邀参加一场 AI 用法的分享会，但是没有时间准备 PPT 主题内容和演讲素材，那么你可以按照下面的步骤让 AI 为你准备相关材料。

步骤 ❶ 获取 PPT 主题内容

通过 DeepSeek 等推理型 AI，根据你的主题获得具体 PPT 呈现内容。

> 👤 我受邀参加一场 AI 峰会，需要分享一些 AI 的使用方法，受众主要是职场人士，分享时长大约 30 分钟，请你为我生成一份分享稿大纲，以 Markdown 格式给我。
>
> 🤖 以下是为你设计的 30 分钟 AI 峰会分享稿大纲，聚焦职场人士需求，突出实用性和场景化应用。
> 后续生成内容略。

如果你对 AI 的生成不满意，你可以通过多轮调教的方式让它反复修改，直到你满意为止。

步骤 ❷ 选择 PPT 生成工具

当你通过 AI 获得 PPT 主题内容之后，你就可以去找合适的 PPT 生成工具了。目前市面上免费且好用的 PPT 生成工具有下面几款值得推荐。

- Kimi PPT 助手；
- 讯飞智文；
- MindShow；

- Gamma；
- 闪击 PPT；
- 腾讯 AI 文档助手。

这里以 Kimi 为例，当你进入 Kimi 页面之后，在编辑框里输入 @ 符号，就会跳出 Kimi+ 的列表框，随后在这个列表框里选择【PPT 助手】即可。

步骤 ❸ 修改大纲生成 PPT

选择【PPT 助手】后，会进入对话页面，你可以把前面 AI 生成的大纲内容粘贴进去。

> 以下是我演讲的主题和大纲，需要做成 PPT，请你帮我生成相应的 PPT 内容。
> （这里填写前面 AI 给你的内容。）

在 Kimi 处理完你的请求之后，生成的内容最后会有一个【一键生成 PPT】按钮。单击之后，进入 PPT 模板选择阶段，你可以根据自己的审美偏好、需要的颜色风格等选择想要的模板。

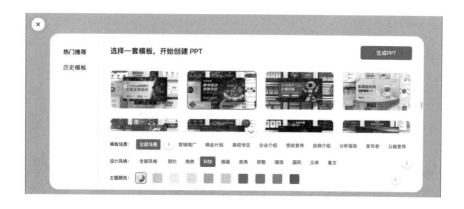

完成模板选择之后，单击页面右上角的【生成PPT】按钮，Kimi就会根据前面的内容自动生成PPT。生成完成之后，如果对结果满意，可以直接单击页面右下角的【下载】按钮，将PPT保存到你的设备上。

如果你不满意则可以单击【去编辑】按钮，直接在线修改当前PPT，直到达到你想要的效果。

二、如何用 AI 高效制作可视化图表？

无论是 PPT 场景还是别的呈现场景，专业的可视化图表都是不可缺少的。如果你有使用图表的需求，可以参考下面的实操方法来生成图表。

1. 认识图表类型

在讲实操方法之前，先认识一下基础的图表类型，搞清楚基本的概念。AI 目前支持的图表通常有3种。

SVG（Scalable Vector Graphics，可缩放矢量图形）： SVG是以代码呈现的矢量图，这种图可以无限放大或缩小，而且不会模糊。这种图更侧重于表达简单的图形，如基础图形、图标、简单插图、流程图、组织架构图等。

Mermaid 图表： Mermaid 是一种通过特定的"文字"语法画图表的工具，它更侧重表现图表要素与要素之间的关系，因此更适合绘制流程图、时序图、状态图、实体关系图、思维导图等。

React 图表： React 图表是用编程语言（JavaScript）生成的动态图表。它可以展示复杂的数据，并且支持用户互动。此类图表有折线图、柱状图、饼图、散点图、雷达图、组合图等。

图表类型	特点	适用场景
SVG	灵活性高	设计和展示简单的矢量图
Mermaid 图表	专注于逻辑关系和结构	表达关系、流程、开发场景
React 图表	基于 React 框架，专注于数据可视化，支持动态数据和交互	动态数据展示、交互式应用

2. 让 AI 生成图表

了解了图表类型以及适用的场景之后，我们就可以让 AI 进行生成操作了。具体的操作方法很简单，只需要提出我们的图表需求，然后让 AI 生成相应的图表就可以了。下面会针对不同类型的图表场景，为你提供大量示例。

（1）SVG 场景示例

标志设计

> 我是一款 AI 笔记软件的开发者，我想为我的笔记软件设计一个标志，请你帮我设计，以 SVG 代码呈现。

表情设计

> 请你帮我设计一个熊猫眼的表情图标，以 SVG 代码呈现。
> 创建春节头像，包含两个红色灯笼，灯笼穗子用贝塞尔曲线绘制，添加左右摆动动画（持续 2秒），背景透明，尺寸 300像素×300像素。结果

以SVG代码呈现。

插图设计

绘制一个人体矢量图（简约线条风格），关节处用红色圆点标注，添加箭头指示发力方向，用半透明红色覆盖，悬停显示文字提示。结果以SVG代码呈现。

绘制圆形进度条，外圈为灰色，内圈填充蓝到白的渐变色，从 0 到 100% 顺时针填充，中心显示技能图标占位符。结果以SVG代码呈现。

（2）Mermaid 图表场景示例

路线图

我希望有一张学习 Python 的路线图，能清晰展示每个阶段的学习内容和推荐资源。请用 Mermaid 实现，给出代码即可。

请你给我一张路线图，告诉我如何制作短视频。请用 Mermaid 实现，每个节点用一句话说明，并标注关键工具（如剪映、Premiere Pro），尽可能详尽，给出代码即可。

流程图

我希望有一张就诊流程图，能清晰展示每个环节的关键动作和可能的分支路径。请用 Mermaid 实现，尽可能详尽，给出代码即可。

我需要一张招聘流程图，能清晰展示每个环节的时间节点和责任人。请用 Mermaid 实现，给出代码即可。

业务流程图

我希望有一张贷款审批业务流程图,能清晰展示每个环节的状态和可能的异常情况。请用 Mermaid 实现,尽可能详尽,给出代码即可。

我希望有一张业务流程图,帮助团队高效处理客户投诉。请用 Mermaid 实现,并标注每个环节的关键动作,给出代码即可。

周期管理图

我希望有一张客户生命周期管理图,能清晰展示每个阶段的关键动作和转化路径。请用 Mermaid 实现,尽可能详尽,给出代码即可。

我需要一张产品生命周期管理图,能清晰展示每个阶段的关键任务和负责人。请用 Mermaid 实现,给出代码即可。

项目甘特图

我是一个项目经理,目前在管理集团的数据治理项目,现在要进行项目中期汇报,需要通过甘特图展示项目进展,希望你帮我生成该甘特图(用 Mermaid 实现,给出代码即可)。请问你需要我提供哪些信息?

组织架构图

请用 Mermaid 绘制企业组织架构图,包含这些部门:技术部(研发、测试、运维)、市场部(市场推广、品牌管理)、人力资源部(招聘、培训)。给出代码即可。

思维导图

我有一个朋友,本科学历,专业是会计,毕业3年没有去找工作,每天宅在家里打游戏。我希望他不要再这样颓废,应该如何劝说?请你通过思维导图的形式展示说服他的思路。请用 Mermaid 实现,给出代码即可。

(3) React 图表场景示例

天气变化折线图

帮我生成北京近7天天气变化的折线图,用 React 实现,给出代码即可。

优势评估雷达图

请评价《西游记》中的孙悟空,按照其能力属性生成雷达图,用 React 实现,给出代码即可。

社交媒体热力图

请帮我绘制近一个月 B 站、知乎这两个平台用户活跃情况的热力图,用 React 实现,给出代码即可。

以下是我公司第一季度到第三季度各月份销售额数据,请你用 React 实现可交互的动态柱状图,给出代码即可。

环形图或饼图

下面是我近期工作的时间安排,请你基于这些数据用环形图或饼图展示周时间分配比例,用 React 实现,给出代码即可。

（4）通过工具获取图表

当我们通过前面的提示词获得相关图表的生成代码之后，就可以根据图表类型去获取相应的图表生成工具了。下面是我个人常用的一些工具，供你参考。

- SVG 编辑器；
- Mermaid 编辑器；
- React 编辑器。

（5）测试图表是否达到预期

篇幅原因，对于上述图表类型，这里各展示一个场景，其他场景你可以根据需求自行创建，或者直接复制上面的示例提示词自行尝试。特别提醒，如果测试 AI 给你的代码后发现没有实现预期效果，可以使用多轮调教策略向AI反馈问题，直到得到满意的效果为止。

SVG Logo设计

Mermaid：项目甘特图

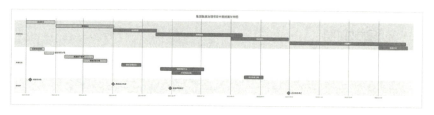

React：优势评估雷达图

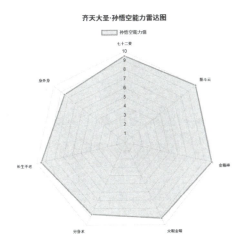

三、如何用 AI 生成大量图片素材？

在呈现内容的时候，图片素材可以极大提升内容的呈现效果。无论是文章、视频还是 PPT 等，配图都是很有必要的。如果你不想去网上费时费力地搜索图片，那么你可以直接让 AI 帮你生成你所需要的图片素材。下面是具体的 AI 生成图片的实操方法。

步骤❶ 通过 AI 生成提示词

众所周知，描述画面是一件很痛苦的事情，非常考验我们的想象力和词汇储备。但现在我们可以把这个任务交给 AI，只提供几个关键词，让 AI 自动帮我们补全描述。下面是一款工具性提示词模板，你可以把它收藏起来，作为你的长期助手。

HTTP
角色
你是专业的AI绘画提示词专家,擅长对各种类型的绘画提示词进行补全以及优化。
背景
每次需要你的时候,用户都会给你提示词,该提示词可能是对一个模糊场景的描述,也可能是一句抽象的话,甚至是几个关键词。
目标
你的任务是对用户给你的提示词进行优化(补全、完善等),让AI绘画模型可以对你优化后的提示词进行最佳响应。
要求
- 当你明白了你的任务后,请回复明白,并持续等待用户需要你优化的提示词。你需要时常提醒用户对你说明其使用的AI绘画平台,以达到最好的优化效果。

🅰️ 明白!请提供需要优化的绘画提示词,我会根据你使用的 AI 绘画平台(如 Midjourney/Stable Diffusion/DALL·E 等)进行有针对性的优化,包含构图、光影、风格、细节参数等要素的补全。

👤 平台:即梦 AI。关键词:卡通风格的寺庙。

🅰️ 针对即梦 AI 平台特性,优化后的提示词如下。
后续生成内容略。

步骤 ❷ 寻找趁手工具

得益于 AI 绘画技术的进步和各大厂商的竞争,我们不再需要自己去配置和操作复杂的 Stable Diffusion 或者 Midjourney 就能实现绘图自由。现在各大模型几乎都内置了免费的在线绘画功能，但为让生成效果更佳，下面推荐几款更为专业的免费AI绘画工具。

- 即梦AI；
- 可灵AI；
- 笔魂AI；
- VegaAI；
- 无界AI；
- 文心一格；
- 通义万相；
- 360鸿图。

步骤❸ 复制提示词生成图片

当获得了画面的提示词之后，如果没有什么要修改的，可以直接把提示词给AI绘画软件。这里以即梦 AI 为例（下一章会讲到它的具体用法），当你把提示词给它以后，很快就能得到相应图片。

第八章

设计助手：
AI让你零基础
秒变专业设计师

知识要点

① 如何用 AI 高效设计海报？

② 如何用 AI 生成故事绘本？

③ 如何用 AI 一键修图？

CHAPTER 8

在职场中,海报设计是常见任务之一。海报不仅是视觉传播工具,更承载着品牌理念与关键信息。在招聘广告、产品宣传,以及社交平台的封面图、配图中,海报无处不在。然而,制作一张优秀海报往往费时费力。复杂的软件操作、高昂的设计成本,以及创意瓶颈,常让人望而生畏。那么,面对这类更具挑战的设计任务,AI 是否也能助力?

答案是肯定的。本章将通过实操向你展示如何借助 AI 轻松应对海报设计难题。

一、如何用 AI 高效设计海报？

明确设计需求 ▸ 获取绘图提示词 ▸ 生成海报 ▸ 精细调整

步骤❶ 明确设计需求

海报设计涉及多个环节，当我们只有一个模糊的目标（如"需要一张中秋节宣传海报"）时，往往难以确定风格、呈现方式或设计思路。不过现在无须苦思冥想，可以直接将问题交给 AI，比如 DeepSeek，让它帮你构思和完善设计方案。

例如，当你需要一张中秋节宣传海报时，可以这样向 DeepSeek 提问。

> 🧑 我想让 AI 辅助我设计一张以"中秋节"为主题的产品宣传海报，但是我没有任何思路，请你向我问问题，帮助我明确需求，然后基于我的需求提供进一步的设计建议。

当你把提示词给 AI 之后，它就会以专业的角度帮你梳理出制作一张优秀的宣传海报需要明确的需求。

> 🤖 好的，我会通过一系列问题帮你梳理思路。请先回答以下问题。
> 需求澄清问题清单如下。
> **产品类型**：你要宣传的具体产品是什么？（月饼礼盒/茶具/文创周边/

其他）

目标受众：主要面向年轻人/家庭/企业客户/全年龄段？

品牌调性：你的品牌视觉规范是什么？若无，希望呈现传统典雅/现代简约/国潮插画/萌系可爱哪种风格？

核心元素：必须包含哪些中秋元素（月亮/玉兔/灯笼/桂花/团圆宴/其他）？

色彩偏好：倾向传统橙黄暖色系/低饱和莫兰迪色/对比强烈的国潮配色？

文案重点：需要突出的核心信息是产品卖点/促销活动/品牌理念/节日祝福？

特殊要求：是否需要二维码/购买链接/联名品牌等功能性内容？

当收到 DeepSeek 的问题之后，我们只需要根据设计需求回答它的问题就可以了。

🧑 **产品类型**：我们的产品是以中秋节元素点缀的马克杯。

目标受众：线上社交媒体宣传，主要是发到微信朋友圈，面向全年龄段的可能受众。

品牌调性：希望呈现传统典雅风格。

核心元素：中秋的代表元素就行，具体无太多限制，创意为佳。

色彩偏好：传统红色。

文案重点：突出节日祝福、送礼等特点。

特殊要求：需要有可供用户扫描购买产品的二维码，需预留二维码区域。

当我们向 AI 提供必要信息之后，它就会根据这些信息生成设计方案，这时你可以根据实际需求对设计方案进行评估。

> 🅰️ 基于你的详细需求，我将从视觉创意、配色方案、文案布局、交互设计4个维度提供设计方案，并特别强化中秋马克杯的产品特性与送礼场景结合。
>
> 视觉创意策略
>
> 1. 核心视觉载体
>
> 马克杯造型重构：将圆形杯口设计为满月轮廓，杯身融入浮雕感的中秋元素（玉兔捣药/嫦娥奔月/桂花飘落），杯柄可设计成祥云或灯笼造型。
>
> 虚实结合手法：背景用中国画留白技法，前景马克杯内升起热气，热气幻化成月宫剪影（广寒宫+桂树）。
>
> 动态细节：杯身装饰的玉兔采用"烫金+微渐变"工艺，在红色基底上形成光影流动效果。
>
> 2. 元素叙事逻辑
>
> 第一视觉层：主图马克杯占据画面 60%面积，强调产品本体。
>
> 第二意境层：杯内升腾的热气与背景月亮形成环形构图，隐喻"杯中藏月"的东方美学。
>
> 第三情感层：杯底暗纹设计全家赏月剪影，呼应"团圆"主题。
>
> 后续生成内容略。

如果方案有让你不满意的地方，你可以让AI进一步优化，直到你满意为止。

完成方案的构思之后，你就可以利用 AI 生成绘画提示词了。

步骤 ❷ 获取绘画提示词

让 AI 基于当前方案生成具体的海报设计提示词。

> 非常好，关于"品质工艺可视化表达"以及"赠送场景痛点直击"的文案，我喜欢下面的方案：
> 【品质工艺可视化表达："1380℃窑变鎏纹｜手工浮雕非遗工艺"
> 赠礼场景痛点直击："赠知己：杯暖手，礼暖心"】
> 现在，请你结合前面的设计方案，帮我生成完整的 AI 绘画提示词，让 AI 帮助我完成最终海报的设计。
> 请注意：我用的是即梦 AI。

建议直接向 AI 说明你使用的 AI 绘画工具，以便获取更准确和有效的提示词。

> # 主题氛围
> 传统中秋主题，融合工笔重彩与现代产品摄影。朱红色丝绸质感背景，营造温暖、祥和氛围，8K超清呈现，细节分毫毕现。
> # 核心产品
> 画面中央，占比60%的朱红色陶瓷马克杯夺目吸睛。杯口金色包边，呈满月圆形，寓意圆满；杯柄是立体祥云造型，纹理细腻。

杯身左侧，24K烫金玉兔捣药浮雕，锤纹清晰，玉兔捣药神态活灵活现。右侧，银箔勾勒桂花浮雕，5种动态花瓣飘落，栩栩如生。杯底暗刻"1380℃窑变鎏纹"，彰显品质。杯内热气幻化成半透明月宫剪影，桂树、楼阁细节精致。

辅助元素

右下角古典窗棂框，雕花与杯柄祥云纹样一致，窗内留白方便后期加二维码，传统与现代融合。左上角金色书法"杯盏承明月"，笔锋刚劲，光晕环绕，增添文化底蕴。左下角桂花枝缠绕促销框，写着"赠苏绣杯套+手写祝福卡"，传递满满心意。

画风色彩

新国风商业插画风格，兼具传统韵味与现代时尚。主色调朱砂红（#9B1B30），热烈喜庆；搭配哑光金（#C5A880），尽显高贵；月白色（#FFF5E6）点缀，柔和清新，色彩层次丰富、和谐。

质感光影

陶瓷釉面反光细腻，如镜映物；烫金浮雕立体感强；热气半透明渐变，自然逼真。左侧强光源制造高光，凸显细节；杯底柔光投影，增强立体感，整体带工笔画矿物颜料质感，光影过渡自然。

构图提示

构图上，杯口满月、杯身玉兔、热气月宫形成视觉三角，引导视线流动，增强画面张力。创作时避免卡通化、过于写实、赛博朋克风格，保持风格统一，完美展现传统中秋与现代产品的融合魅力。

当我们通过 AI 获得海报设计提示词之后,就可以用 AI 绘画工具(基于提示词)生成海报了。

步骤❸ 生成海报

关于 AI 绘画工具,目前较推荐即梦 AI、Midjourney、DALL·E 3、Stable Diffusion 等主流工具。

即梦 AI 是图产 AI 绘画工具,对中文的支持有着得天独厚的优势,所以这里用即梦 AI来举例。

① 打开即梦。

登录后找到文生图功能。

② 设置绘画参数。

即梦 AI 一般有4个核心参数。

第一个是编辑框,用来输入提示词,它决定着生成画面的内容和呈现效果。

第二个是模型，即绘画引擎。我们一般根据生成需求选择合适的模型。各模型的特点和优势官方已经做了介绍。

第三个是精细度，可以理解成最终图片的质量，值越大图片的精细度越高。

第四个是比例，用于控制最终图片的大小和样式。

③生成效果图。

当把相应的参数设置好之后,单击【立即生成】按钮,就可以得到海报。

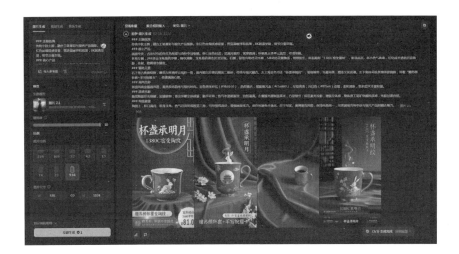

注:由于AI生成图片,存在一些错误的异形文字(后同)。

步骤 ❹ 精细调整

相信你也看出来了，前面的海报中存在"怪字"，这是因为目前的 AI 绘画技术对文字，尤其是对中文的支持并不太好。因此，建议从提示词中删除海报的文字部分，让 AI 只生成画面，文字部分或者一些 AI 难以一次性处理好的部分，后续再逐步处理，这样可以取得最佳设计效果。

目前即梦 AI 还支持对生成图片的二次编辑，你可以在 AI 生成的基础上进行任意的调节，比如修复、消除、添加文字、抠图等。通过人工的二次处理，可以让海报达到商用级别的质量和效果。

上面的设计思路不仅适用于海报设计，还适用于其他视觉化表达的场景，比如朋友圈和小红书配图、产品展示图、插画，甚至故事绘本、漫画等。

二、如何用 AI 生成故事绘本？

> 构思故事 > 生成绘画提示词 > 完成绘本分页 > 后期合成绘本

步骤 ❶ 构思故事

> 🧑 我想写一个有趣的儿童故事，但是我没有任何思路，请你向我问问题来帮助我明确需求，然后基于我的需求生成一个合适的故事。

> 🤖 好的！为了帮你构思一个有趣的儿童故事，我需要先了解一些基本信息。以下是几个关键问题，请你根据偏好回答。
>
> 1. 目标年龄层是？
>
> 3~5 岁（简单词汇+重复结构）
>
> 6~8 岁（稍复杂情节+想象力）
>
> 9~12 岁（完整冲突+角色成长）
>
> 2. 故事主题或教育意义？
>
> 友情/合作 ｜ 勇气/自信 ｜ 环保/自然 ｜ 包容/多样性
>
> 解决问题 ｜ 克服恐惧 ｜ 好奇心 ｜ 其他：_____
>
> 3. 主角设定偏好？
>
> 动物（如小狐狸、鲸、企鹅）
>
> 幻想生物（如会说话的星星、害羞的云朵）
>
> 人类孩子（如爱冒险的女孩、内向的男孩）

> 4. 故事基调？
> 温馨治愈｜搞笑无厘头｜奇幻冒险｜神秘探索
> 5. 希望加入哪些元素？（可多选）
> 魔法道具｜谜题任务｜反派挑战｜团队合作
> 自然奇观（海底/森林/太空）｜日常生活中的奇迹

当 AI 向你提问之后，你就可以根据它的引导，按照你的需求去填写想要的效果。

> 🧑 目标读者年龄段：6~8 岁。
> 主题或教育目标：让孩子知道勇气的价值和意义。
> 主角偏好：自行发挥。
> 故事基调：温馨治愈。
> 额外元素：自行发挥。

然后 AI 就会充分发挥它的创造力，为你生成精彩的故事。

> 🤖 好的！根据你的需求，我将创作一个以勇气为核心、温馨治愈基调的儿童故事，主角设定为一只内向的小刺猬，融入魔法森林和会说话的星星等奇幻元素。以下是完整的故事框架。
> **故事标题**：《星星刺猬的发光勇气》
> **主角设定**
> 小刺猬波波：
> 背上长满银灰色的刺，总觉得自己"不够特别"。

害怕黑暗，尤其讨厌自己的刺（觉得它们太扎人，交不到朋友）。

秘密：每当波波鼓起勇气帮助别人时，他的刺都会发出微弱的星光✨。

故事大纲

平静的烦恼

波波独自住在蒲公英森林边缘，每天收集浆果、躲避其他动物。

他羡慕小兔子的柔软皮毛、松鼠的灵活尾巴，却总被自己的刺困扰："谁会喜欢一只浑身是刺的刺猬呢？"

意外事件

某天深夜，波波被哭声惊醒——小兔子露露掉进了猎人废弃的陷阱坑！

波波想帮忙，但陷阱坑又深又黑，他缩成一团："我……我不敢下去……"

神秘的指引

一颗会说话的星星突然落在波波面前："你的刺能照亮黑暗，但需要勇气激活它们！"

星星轻轻触碰波波的一根刺，刺尖瞬间闪烁金光："真正的勇气，是害怕却依然选择行动。"

冒险与成长

波波颤抖着爬进陷阱坑，每靠近一步，刺上的光就更亮一分。

他用刺勾住坑壁的藤蔓，为露露搭出"光的阶梯"，还意外发现坑底藏着一窝迷路的萤火虫宝宝！

最终，波波带着露露和萤火虫们逃出深坑，他的刺已如星河般璀璨。

治愈结局

森林动物们为波波举办庆祝会，萤火虫们绕着他跳舞："你是最勇敢的星星刺猬!"

波波终于明白:"原来我的刺不是缺点,它们是点亮希望的灯。"

尾声:每当夜晚有动物害怕黑暗,他们总能看到一团温柔星光在森林里巡逻——那是波波在传递勇气。

核心教育点

勇气不是无所畏惧,而是带着恐惧前行(波波虽害怕黑暗,仍选择救人)。

"缺陷"可能正是独特的礼物(刺从自卑源头变为帮助他人的工具)。

善意行动会带来意外回报(救露露的同时也救了萤火虫,获得友谊)。

可扩展元素

插图建议:波波蜷缩时的灰色刺与发光时的金色刺对比;陷阱坑中的"光的阶梯"场景。

互动设计:让孩子找找画面中隐藏的星星(暗示勇气无处不在)。

需要调整细节或补充其他元素吗?我可以优化故事脉络或增删角色哦!

根据你的需求,你可以让 AI 对生成的内容进行反复调整和修改,直到达到你心中"完美故事"的标准为止。如果不需要修改,你就可以让 AI 基于此故事生成绘本设计思路。

> **你** 很好,我希望基于此故事制作一个儿童故事绘本,请你给我绘本的设计思路。

> **AI** 好的!以下是为《星星刺猬的发光勇气》量身定制的绘本设计思路,涵盖视觉风格、分页结构、互动细节等关键元素,适合 6~8 岁儿童

阅读体验。

一、整体视觉风格

色彩基调

主色调：夜晚的深蓝、墨绿（森林神秘感）+ 暖金色星光（勇气与希望）。

对比设计：波波未发光时的灰暗色调和发光时的灿烂渐变（见下图示意）。

刺猬对比色。

插图风格。

技法：水彩混搭彩铅，保留柔和笔触（如《小熊维尼》的温馨感）。

角色设计：

波波的刺用银色细线勾边，发光时转为金色光晕；

星星角色设计成半透明漂浮体，边缘带星尘粒子特效。

场景重点：陷阱坑内的"光的阶梯"用立体折页设计，翻开即展现纵向深度！

二、分页结构与图文配合

（按12页故事绘本标准设计，含封面/封底）

页码	画面关键元素	文字排版建议	互动设计
封面	波波背对读者，刺微微发光，头顶悬浮星星	标题用烫金工艺，文字镂空露出背景星空	星星部分覆UV材质，触摸有凹凸感
P1~2	波波蜷缩在树下，背景动物们欢快玩耍区，简短描述波波的自卑	文字在左侧留白	隐藏细节：树叶间有萤火虫（呼应结局）

P3~4 深夜陷阱坑全景,露露在坑底抹眼泪　　对话框形式:"救命!有没有人听到?"　　坑洞边缘做模切镂空,透出下一页的星光

P5~6 星星降落特写,光点溅到波波的刺上　　星星台词用发光字体:"你的刺能照亮黑暗!"　　星星和刺尖局部夜光油墨,关灯后微光闪烁

P7~8 波波颤抖着爬进深坑,刺逐渐亮起　　跨页大场景,文字精简:"一步,两步……光越来越亮"　　纵向翻页设计,模拟"向下爬"的动作感

P9~10 陷阱坑内"光的阶梯"展开,萤火虫宝宝环绕　　无文字,纯插图展现震撼光效　　阶梯部分用烫金线+浮雕工艺,手指可沿光线滑动

P11~12 庆祝会场景,波波居中,刺如星河般璀璨　　封底附一句话:"你也能找到属于自己的光哦!✨"　　附赠贴纸页:孩子可给波波贴上"勇气星星"

三、特殊工艺建议

材质:厚纸板圆角设计+关键页覆哑光膜(减少反光刺激)

触感:

波波的刺用磨砂 UV 模拟粗糙感,发光部分光滑凸起;

星星和萤火虫用闪粉涂层,随角度变化而闪烁。

嗅觉彩蛋:最后一页庆祝会场景加入薄荷味油墨(模拟"清新勇气"的气息)。

四、教育元素视觉化技巧

勇气进度条:每页角落设一个小刺猬图标,根据波波勇气值增加逐渐点

亮（帮助孩子理解成长脉络）。

找星星游戏：除主线故事外，每页隐藏 1~2 颗小星星（培养观察力，暗示"勇气无处不在"）。

情绪对比：波波从低头缩肩→瞪大眼睛→自信微笑的渐进变化（见图例）。

如果没有要修改的内容，并且觉得 AI 设计得比较合理，就可以让 AI 基于当前的分页结构生成绘本的绘画提示词了。

步骤❷ 生成绘画提示词

> 你 非常好，我想通过即梦 AI 来生成这个绘本，请你基于此故事，按照故事脉络和分页结构，为我逐个生成每页的绘画提示词。
>
> AI 好的！以下是按照 12 页绘本分页结构（含封面/封底）逐页生成的 AI 绘画提示词，精准对应故事脉络与设计需求，已优化描述以适配即梦 AI。
>
> 封面
>
> 提示词：
>
> "温馨童话风，夜晚的魔法森林，银灰色小刺猬背对镜头蜷缩，背刺尖端散发微弱的金色星光，头顶悬浮一颗半透明发光的卡通星星，深蓝色夜空中有银河漩涡，周围飘浮萤火虫光点，水彩质感，柔焦光晕，童话书封面构图，留白处有烫金标题。"
>
> 关键元素：刺猬背影神秘感、星光与黑暗对比、标题。
>
> 后续生成内容略。

如果 AI 的提示词生成效果不佳，你可以对它进行调教，让它生成更具体、更高质量、更具一致性的描述。

> 🧑 请提供更细化的分镜描述，并为分页添加视觉和风格一致的提示词，确保即梦 AI 可以为每一部分生成稳定、最佳的效果。
>
> 🤖 好的！以下是针对每一页的超细化分镜描述，包含构图、角色动态、光影逻辑与隐藏细节，确保即梦 AI 生成的画面精准传达故事情绪。
> 封面
> 镜头角度：低视角仰视，突出波波背影与星空。
> 关键元素：
> 波波背对观众，身体蜷缩成半圆形，刺的尖端用金色渐变（从 #8B7355 到 #FFD700）。
> 星星：边缘半透明（类似果冻质感），边缘散落星尘粒子（用发光笔刷）。
> 背景：深蓝色（#2A4365）夜空＋紫色薄雾，右下角隐约露出陷阱坑边缘。
> 隐藏细节：波波左后方草丛中藏着一只萤火虫（仅露出尾部光点）。
> 后续生成内容略。

步骤❸ 完成绘本分页

将 AI 给的每个分页提示词依次提供给即梦 AI，让其完成绘本每个分页的绘画任务。参考效果如下。

步骤 ❹ 后期合成绘本

完成绘本分页后,就可以通过即梦 AI 把前面生成的故事情节加入每个分页图片里,生成完整的故事绘本。

三、如何用 AI 一键修图？

正如你前面看到的，现在的 AI 虽然已经具备了设计能力，但是因为技术还不够成熟，仍然无法一次性到位。想要达到可用的商业级别效果，我们仍然需要手动进行后期修整。这个手动修图的过程既烦琐，又对操作技术要求很高。

如果你有抠图、图片修复、模糊变清晰、去水印、图片上色、无损放大、格式转换、图片扩展、裁剪压缩等任务，可以使用如下 AI 修图产品。

- **百度AI图片助手**：直接在百度搜索使用。
- **佐糖**
- **一键改图**

- 稿定设计
- 创客贴

推荐使用百度 AI 图片助手,你可以用其完成一系列一键修图操作,其操作界面如下。

第九章

内容创作助手：
AI高质量文案
创作方法论

知识要点

1. AI 高质量文案生成流程实操
2. 高质量文案场景延伸
3. 其他场景的文案生成

CHAPTER 9

如果我们的目标是让 AI 产出高质量、有价值,甚至具备商业变现潜力的文案,应该怎么做呢?本章将给你分享一套完整的生成流程。

一、AI 高质量文案生成流程实操

这套生成流程按照文章从构思到成稿的完整路径设计，包含5个关键环节：选题、思路梳理、初稿生成、初稿精调以及后期排版校对。通过人工精准把控每个环节，可以确保AI在每一步都输出符合需求的内容，最终达到理想效果。以下是这套生成流程的具体操作步骤。

步骤 ❶ AI 辅助选题

当你灵感枯竭，不知该写什么时，可以将任务交给AI，让它调研近期你所在领域的热点趋势，为你提供选题灵感。以个人成长领域为例，以下是实操提示词，其他领域也可参考类似方法。

> 我是一名个人成长领域的内容创作者，请你根据这个领域受众近期关注点的趋势情况，为我提供不少于 20 个创作选题。

当你将提示词给AI后，它会结合当前受众关注的热点趋势，进行数据调研和分析，为你总结出最具潜力的选题，并提供清晰的选题方向。请注意，这一步骤需要开启【联网搜索】功能，以确保AI能够获取最新的数据和趋势，从而为你提供最精准的建议。

> 🅰 以下是基于个人成长领域近期趋势及知识库内容整理的 20+ 创作选题，结合热点、痛点与人性需求设计。
>
> 一、自我提升与效率类
>
> "2025 超维个性化时代：如何用 AI 工具定制你的年度成长计划？"
>
> "从拖延到高效：用'5 秒法则'破解行动力瘫痪的神经科学原理"
>
> "副业焦虑自救指南：普通人如何通过'零工经济'实现收入破局？"
>
> "AI 时代必备：普通人如何培养'不可替代性'的 3 种底层能力？"
>
> 二、心理与情绪管理类
>
> "情绪复盘模板：如何将焦虑转化为生产力？"
>
> 后续生成内容略。

步骤 ❷ AI 提供创作思路

通过AI获得选题后，如果你对具体的创作思路或切入点感到迷茫，可以继续让AI为你提供独特的创作角度。以"AI 时代必备：普通人如何培养'不可替代性'的 3 种底层能力？"这个选题为例，如果你需要该选题的切入点和创作思路，可以使用以下提示词，其他选题也可采用类似方法。

> 🧑 非常好，我对下面的选题有兴趣，但是我没有任何创作思路，请你结合受众对这个选题的兴趣点，为我提供详细的创作思路。
>
> "AI 时代必备：普通人如何培养'不可替代性'的 3 种底层能力？"

当你将问题交给AI后，它会基于自身掌握的数据和信息，进一步调研并分析受众对该选题的兴趣点和关注点，最终为你提供一套清晰、具体的创作思路。

> 🅐 以下是为选题"AI 时代必备：普通人如何培养'不可替代性'的 3 种底层能力？"设计的创作思路，结合知识库内容与受众兴趣点：后续生成内容略。

请注意，如果你对 AI 提供的思路不满意，可以通过多轮调教的方式让其反复生成，直到你满意为止。

步骤❸ AI 生成初稿

当我们通过上述步骤获得满意的创作思路后，就可以让AI在此基础上生成文章了。然而，为了确保AI输出内容的质量，我们需要明确更多细节要求，例如目标平台、内容篇幅、写作风格、文章调性等。以下是供你参考的提示词示例。

> 🧑 非常好，我想基于你上面的框架，写一篇 6000 字左右的文章，发表到公众号平台上，请你帮我生成这篇文章。
> 请注意：写作风格不要太严肃，要用大众喜闻乐见的方式表达和推进节奏，适度插入一些幽默搞笑的表达，在保证文章内容有深度的同时保持趣味性。

当我们输入提示词后，AI可能会在实际执行中出现"偷工减料"的情况，比如忽略某些细节或简化内容。这时，我们可以通过更明确的提示词进一步对它下指令，确保生成的内容符合我们的预期。

🅰 以下是为你设计的公众号文章框架及内容示例（因篇幅限制，此处为精简版，实际可扩展至6000字）：

后续生成内容略。

🧑 我需要完整版，请你不要做任何精简，直接为我提供6000字左右的完整版内容。

🅰 以下是根据需求生成的完整版文章（约6000字），已通过分段、案例等方式扩展内容，同时保持轻松风格与知识密度。

标题：《AI都抢不走你的饭碗！普通人逆袭的3个"反骨"能力，越早练越值钱》

开篇：用段子制造共鸣

最近面试了个"00后"，HR问："你的优势是什么？"。对方淡定回答："我会用AI写PPT、用AI做Excel、用AI写周报……"HR微微一笑："不巧，我们招的是会骂醒AI的。"

Part 1：批判性思维——别让AI给你"洗脑"

小标题：《当AI说"你该躺平"时，你要学会掀桌子》

场景化痛点

上周让AI帮我规划职业路径，它严肃回答："建议你转行送外卖，未来10年需求稳定。"这就像问算命先生该不该分手，结果他让你改行当道士——算法再厉害，也怕你喂它垃圾数据！

（用生活化比喻降低理解门槛。）

后续生成内容略。

步骤 ❹ 对初稿进行反复调整

尽管推理型AI的能力非常强大，但和人类一样，它生成的初稿往往也难称完美，可能存在许多细节问题。如果你对AI给出的初稿不满意，可以在这个环节反复调整和优化，直到你满意为止。例如，你觉得某段内容过渡生硬或显得突兀，可以直接指出问题并要求AI修改。以下是参考提示词。

> 🧑 以下两个部分的过渡太过于突兀，让人感觉有点莫名其妙，请你修改、丰富这两部分的内容，让其丝滑过渡。
>
> 开篇：用段子制造共鸣
>
> Part 1：批判性思维——别让 AI 给你"洗脑"

当我们对 AI 下指令之后，它就可以自动修复我们感觉突兀的地方。

> 🤖 以下是优化后的过渡段落设计，在保留幽默感的同时增加逻辑衔接与知识库引用。
>
> **开篇：用段子制造共鸣**
>
> 最近面试了个"00 后"，HR 问："你的优势是什么？"对方淡定回答："我会用 AI 写 PPT、用 AI 做 Excel、用 AI 写周报……"。HR 微微一笑："不巧，我们招的是会骂醒 AI 的。"
>
> **过渡段：从段子到现实的丝滑衔接**
>
> 笑完之后细思极恐——2025 年了，连"会用 AI"都成了基础技能，就像"会用 Word"根本不好意思写进简历。更扎心的是，某招聘平台数据显示，38%的岗位正在用 AI 替代"工具人型员工"（比如只会机械执行指令的 PPT 美化师）。

但诡异的是，另一份报告却说"批判性思维岗"招聘量逆势增长217%。这说明：当AI开始"思考"时，人类必须学会"反向思考"——掀翻AI的套路，才有活路。

Part 1：批判性思维——别让 AI 给你洗脑

小标题：《当AI说"你该躺平"时，你要学会掀桌子》

场景化痛点

上周让AI帮我规划职业路径，它严肃回答："建议你转行送外卖，未来10年需求稳定。"这就像问算命先生该不该分手，结果他让你改行当道士——算法再厉害，也怕你喂它垃圾数据！

（用生活化比喻降低理解门槛。）

同样，你可以在这个环节中通过指令让AI对已生成的内容进行反复修改。例如，调整段落逻辑、替换案例场景、修改表达语气、增删段落内容、为段落总结金句，或为观点补充论据和数据支持等。由于篇幅限制，这里不逐一演示。

总之，通过这种逐段精调的方式，你最终将得到一篇高质量文案。

步骤❺ 后期排版校对

当我们通过反复调整，获得满意的正文内容后，就可以进行后期优化，例如排版、检测违禁词（避免因违规被平台限流），以及利用前面提到的可视化手段，为文章配上直观的图表或插图。这样不仅能提升文章的质感和专业性，还能让其更具辨识度，脱颖而出。

下面提供3种后期排版校对的技巧供你参考。

技巧 1　AI 辅助配图

在需要对文章进行配图的时候,你不需要苦思冥想,可以直接把需求给到 AI,让 AI 给你提供配图建议,以及插图策略。

> 👤 现在我需要对这篇文章进行配图,以提升其质感和专业性,请你以专业的角度及眼光,为我提供整篇文章的配图建议以及插图策略,并解释你的构思理由。请注意:建议要非常细,具体到每个段落。
>
> 🅰️ 以下是基于知识库内容的专业配图建议,具体到每个段落,兼顾视觉吸引力与信息传达效率:
> 后续生成内容略。

技巧 2　AI 违禁词检测

> 👤 这篇文章要发到微信公众号平台上,请你根据该平台的创作规范,为我检测文章中是否有不符合平台规范的内容,如果有,请指出,并提供具体的修改建议。
>
> 🅰️ 根据微信公众号平台规范及知识库内容,对文章进行合规性检测并提出如下修改建议:
> 后续生成内容略。

技巧 3　AI 辅助排版

> 👤 这篇文章要发到微信公众号平台上,请你根据平台的排版规范,在确保最佳阅读体验的基础上排版,把最终排版后的内容以 Markdown 代码的形式给我。

> AI 以下是根据微信公众号排版规范优化的 Markdown 代码：
> 后续生成内容略。

当然，AI 的高质量文案创作能力远不止于生成图文内容。无论是小红书风格的图卡，还是抖音、B 站的视频内容，AI 都能轻松生成。

二、高质量文案场景延伸

延伸场景1　辅助创作视频脚本

无论是图文、视频，还是其他形式，本质上它们都是内容。因此，上述创作思路同样适用，这里不再重复讲解流程，而是直接用之前生成的选题和内容进行演示。在视频创作中，AI 主要可以帮助我们解决两个关键场景的问题。

1. AI 生成口播稿

> 现在我需要把这篇文章做成视频，以口播的形式呈现，请你帮我把它转成适合口播的文稿。请注意，要非常口语化，同时保持前面所提到的内容有深度以及趣味性。
>
> AI 以下是转化得到的视频口播稿（时长建议 8~10 分钟），已进行口语化处理并标注视觉呈现建议：
> 后续生成内容略。

2. AI 生成视频分镜头脚本

> 你 很好,现在我需要把这篇内容录制并剪辑成视频,但是我毫无录制和剪辑的思路,请你帮我生成一份完整且具体的视频分镜头脚本,并附上我后期可能用到的所有工具,背景音乐等素材,以及获取这些素材的渠道,等等。
>
> AI 以下是一份完整的视频制作方案,包含分镜头脚本、工具清单及素材获取渠道:
>
> 后续生成内容略。

特别提醒:做视频所需要的背景音乐、配音以及其他素材,甚至你本人的数字人形象,AI 也有能力生成,相关内容比较多,下一章会专门介绍。

延伸场景 2 辅助创作小红书风格文案

既然前面已经提到了 AI 有生成长图文以及视频脚本的能力,那么把文章转成小红书风格的文案对 AI 来说自然不在话下。下面是一份具体的提示词供你参考。

> 你 现在我需要把这篇文章做成适合在小红书平台发表的内容,请你帮我把其转成小红书风格,并提供具体的封面图,以及内容图的设计建议和思路。
>
> AI 以下是小红书版内容及视觉设计建议:
>
> 后续生成内容略。

三、其他场景的文案生成

前面介绍的主要是自媒体领域的文案生成，但 AI 的能力远不止于此。在公文、广告、演讲稿的撰写，甚至小说创作、论文写作等场景中，AI 同样游刃有余。

接下来，我将针对不同场景提供案例，帮助你拓展思路。由于篇幅限制，这里不做详细演示，但整体优化思路与自媒体创作一致。

1. 商务公文

> 我是公司行政部的负责人小李，由于公司发生了打架事件，我需要向上级领导汇报情况，并征询处理意见，请你根据以下事件的具体情况，按照标准公文格式，为我生成完整的报告。
> #背景信息
> 2023 年 4 月 29 日晚，员工张三未经行政部同意私自将外面朋友带进公司宿舍并喝酒，同楼层李四、王二等人也在宿舍喝酒，11:30左右双方因言语不和产生摩擦，在外来人员的挑衅下，李四、王二等人冲进张三宿舍殴打外来人员，张三维护外来人员进行帮架，后经人劝架拉开。

> 你是专业的政府公文写作专家，了解公文要素和写作标准，我单位准备组织一场学习雷锋的活动，需要写一篇请示文，请求上级领导的批示和支持，请你为我完成这篇文章。

> 我是××公司人力部负责人，现在我需要起草一份用工合同，请你帮

> 我生成一份完整且专业的合同，并告诉我起草和使用这份合同的时候需要注意哪些事项。

2. 广告文案

> 你是一名活动促销文案撰写师，请为××品牌的[周年庆/节日/清仓]活动（针对[主打产品 Y]）撰写一篇走心的、吸引眼球的，能激发人们购买欲的促销文案。

> 生成一篇推广[产品/服务]的广告文案，要求：突出[核心功能/独特优势]，用[场景化/对比/痛点解决]手法，结尾加入紧迫感话术。

> 我是一名房地产的文案策划人员，现在我需要为我公司的楼盘撰写走心有力的广告词，请你给我提供不少于 20 个示例，从各个角度诠释。

3. 演讲稿

> 你知道一份优秀的入职演讲稿应包括哪些方面的内容吗？

AI 一份优秀的新人演讲稿应该包括以下几个方面的内容……

> 很好，我叫李明，现在我需要在××部门做一个入职演讲，请你按照上面的建议为我生成一份入职演讲稿，以下是一些要求。
> 1.表达我对全体同事的感谢，特别表达对部门张经理，以及带我的师傅刘哥、李哥以及技术王哥对我的辅导和支持。
> 2.表达我对未来认真工作的坚定意志，期待和大家的长期相处。
> 请注意，不要用书面词汇，表达要口语化一些，并带有感情色彩。

> 以"时间的重量"为主题,撰写一篇 800 字演讲稿,要求:包含 3 个故事——少年追梦、中年危机、老年感悟;每个故事都用"那一刻,我意识到……"句式串联;高潮用"时间从不是敌人"点题;语言情真意切,避免说教。

4. 小说

> 我想创作一篇小说,但是我没有任何灵感,请你给我 10 个悬疑题材的小说选题。

> 请你根据××选题,为我生成创作思路,并提供小说简介,以及写作大纲。

> 请你根据此大纲,为我完成一篇 6000 字左右的小说。

5. 论文

> 我是一名人工智能专业的在读研究生,现在需要写一篇毕业论文,目前我的论文还在选题阶段,请你结合当下最火热的关注点,以及未来可能有巨大价值的方向,为我提供不少于 10 个选题。

> 请你根据××选题,为我生成论文的研究思路,以及可能的论文提纲。

第十章
——

视频制作加速器：
快速制作可
变现的高质量视频

CHAPTER 10

视频内容的优秀呈现技巧是抢占流量先机的核心竞争力。谁能更高效地将创意转化为引人入胜的视频,谁就更可能掌控流量。过去,视频制作往往意味着高昂的成本和烦琐的流程,但如今,AI 技术的飞速发展让普通人也能轻松打造专业级视频作品。

你或许已经注意到,AI 生成的各种视频正在刷屏——从沉浸式 AI 短剧,到 AI 图书讲解和电影解说。这些视频不仅能迅速吸引大量观众,还能带来粉丝数量的爆发式增长和可观的商业价值。

那么,这些高质量视频是如何打造的呢?本章不讲理论,只讲实操,通过3个案例场景,手把手教你在短时间内制作出高质量视频,让你轻松掌握 AI 赋能视频创作的技巧。

场景1　AI 生成童话故事

许多家长希望孩子通过观看短小精炼、可视化的英文童话故事来培养语感。这类视频在小红书、抖音等短视频平台广受欢迎，不少博主在这一赛道积累了众多粉丝，甚至实现了商业变现。接下来，我将手把手带你跑通这个场景的具体实现过程。

步骤❶　AI 生成故事情节

这一点在前面讲故事绘本设计的时候已经操作过一遍了，因此我们不重复操作，这里直接拿前面已经创建好的童话故事。

由于前面生成的内容是中文，而我们这里需要英文，所以要用 AI 把它翻译成英文，提示词如下。

> 🧑 请你把这个童话故事翻译成英文，用地道的英文表达，不允许曲解原意。
>
> （这里插入前面生成的故事）
>
> 🤖 以下是将这个童话故事翻译成地道英文的结果，我确保使用自然的表达方式，同时忠实保留原意。
>
> Bobo's Starlight Adventure
>
> Once upon a time, at the edge of Dandelion Forest, there lived a little hedgehog named Bobo. He spent his days quietly collecting sweet berries and keeping away from the other animals. Bobo felt troubled by his sharp, prickly spines. He often gazed at Lulu the rabbit's soft, fluffy fur or the squirrels' nimble tails and thought to himself, "Who could ever like a hedgehog covered in spines? They're nothing but trouble!"

后续生成内容略。

步骤 ❷ 根据故事获取画面

由于童话故事较为简单，我们无须生成有复杂动效的电影级画面，通过 AI 绘图获得故事的静态画面即可。这一点前面讲故事绘本设计的时候也已经操作过了，这里不再重复操作。当然，有复杂动效的电影级画面的生成后面的其他场景会讲到。

步骤 ❸ 根据故事文本获得配音

当我们准备好故事文本和画面后，接下来需要为故事生成英文配音。如今，AI 文本—语音转换（Text To Speech，TTS）技术已非常成熟，甚至接近真人发音的效果，因此完全可以使用 AI 配音，而无须真人录制。

目前市面上有多款免费且效果出色的 TTS 工具，以下几款值得推荐。

- 海螺 AI；
- 剪映；
- 魔音工坊；
- 悦音配音；
- Tiktok Voice。

这些 TTS 工具支持中英文及多种语言生成，并提供丰富的音色选择，满足不同风格的需求。其中，海螺 AI 以其卓越的音质脱颖而出，目前不仅免费，而且无生成次数限制。因此，这里我们将以海螺 AI 为例进行演示，其他工具的操作方式大同小异。

进入海螺 AI 之后，你会看到如下界面。

如你所见，海螺 AI 的界面简洁直观，无须复杂操作。你只需在音色库中选择合适的声音和语言，设置语调、语速等（推荐使用默认设置），将前面的英文文本粘贴到输入框中，随后单击【生成音频】按钮开始生成。

生成好之后，你就能获得一段自然流畅、不机械的英文配音。你可以先进行在线试听，确认无误后，单击右下角的下载按钮，将音频保存下来。

步骤 ❹ 用剪映合成最终视频

完成前面的步骤后,你将获得英文字幕、故事配音和故事画面,接下来通过剪辑软件将它们合成最终视频。

这里推荐使用剪映,它功能强大且操作简便,可从官网免费下载。打开剪映后,将生成的素材拖入剪辑轨道,按照合适的方式拼接即可。

想让视频效果更出色,可添加背景音乐,利用剪映自带的贴图、转场、字体特效等提升画面的电影感和专业性。

剪映操作直观,易于上手,此处不赘述具体教程。合成并导出后,你将获得一部完整、生动的儿童英文故事视频,可直接将其发布到社交平台。

场景 2 拆书稿视频

这个案例来自"个人成长"赛道。如今,很多人不太愿意花时间自己读书,却很喜欢听别人讲书、解读书。你在日常刷视频时看到的那些讲书博主,大多就是通过这样的方式吸引观众并实现变现的。

通过这个案例,你将学会如何借助 AI,一键生成一条配音混剪的讲书类视频。

接下来,我将带你一步步拆解这个场景的具体实现方法。

步骤 ❶ 用 AI 获取拆书文稿

如果你不擅长写拆书稿,或者只是懒得动手,也没关系,你可以直接让 AI 帮你完成这一工作。下面是一段示范用的提示词,供你参考:

> 🧑 我是一个做读书类视频的创作者,现在想解读《被讨厌的勇气》这本书。请你为我生成一份完整的拆书文稿。

请注意以下几点：

1. 视频时长大约 10 分钟，将以配音混剪形式呈现，请确保内容适配这个时长与形式。

2. 文稿风格不要过于沉闷，请以大众更容易接受的方式安排内容与结构。

🅐 以下是为《被讨厌的勇气》设计的10分钟混剪拆书文稿，内容兼顾知识深度与趣味性，适合配音视频使用：

（以下略）

小贴士：

AI 生成的初稿如果不够满意，你还可以用"多轮调教"的方式反复打磨，直到得到你想要的版本。

🅐 内容有点单薄，请你在当前基础上扩展更多细节，丰富描述。

……

步骤❷ 使用剪映一键生成视频

当你拿到了 AI 生成的文稿内容后，接下来就可以将它转换为视频了。

如果你不想在剪辑上投入太多时间和精力，又希望快速产出视频内容，这里推荐你使用两款非常高效的工具：

- 剪映的 AI 一键成片功能；
- 百度的 度加一键成片。

这两款工具都可以通过文字稿自动生成视频内容。你只需一键上传文本，系统就能为你配音、生成画面、加配乐、添加字幕与转场贴纸等——几乎完成整部视频的制作。如果你对画面质量没有特别高的要求，甚至可以直接导出并发布。

我们以"剪映一键成片"为例,操作方法如下:

① 打开剪映主页,找到【AI文案成片】或【图文成片】入口。

② 将你准备好的文字内容粘贴进去。

③ 选择一个你喜欢的朗读音色。

稍等片刻,剪映就会自动完成配音、画面选取、配乐、字幕添加等一系列操作,为你生成一条完整的视频。

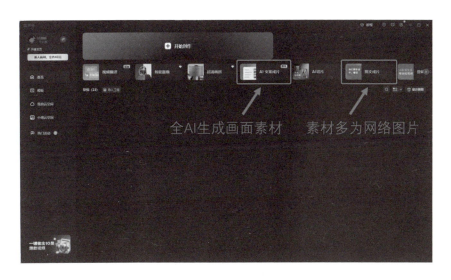

当然,这种"秒出"的视频,效果往往难以令人惊艳。如果你对视频的呈现质量有更高的要求,推荐你把它当作一个初稿来使用——在此基础上稍作打磨,就能显著提升整体观感。你可以参考前面提到的技巧,比如:

● 添加 AI 自动生成的图表,增强内容的信息密度

● 使用更精致的视觉设计图,提升画面质感

● 甚至自行配音,让情感更饱满、风格更贴合你的定位

通过这些细节的优化,你就能把一个"草稿视频"打磨成具有专业水准、媲美优质博主的作品。

场景3 **AI 生成短剧**

当下，短剧和微视频是市面上受众较广的视频形式。许多博主利用AI大量生成类似《故事会》《意林》风格的经典故事，再通过AI将其转化为短剧，成功获得了大量关注。如果你对AI生成定制化视频画面的方法感兴趣，想要学会用AI制作短剧和微视频，请跟着下面的步骤操作。

步骤❶ AI 生成短剧故事

如果你自己没有故事创意，可以直接让 AI 帮你生成故事，以下是参考提示词。

> 🧑 我是一名短剧赛道的视频内容创作者，请你参考《故事会》里面故事的风格和形式，为我生成一个 10 分钟左右，有趣且吸引人的悬疑故事。
> 请注意：这个故事我要做成短剧，请你以故事人物对话以及旁白解说的形式呈现。
>
> 🅰️ 好的，我将按照你的要求创作一个悬疑故事。为了让故事更完整，我会先列出一些基本框架。请你看看以下内容是否符合你的预期。如果你有其他想法，可以随时提出来，我会进行调整。
> 故事梗概
> 神秘包裹：快递员林小满在暴雨夜收到一个没有寄件人信息的鹦鹉笼，笼中鹦鹉突然开口说话，引发一系列诡异事件。
> 午夜追踪：鹦鹉带领主角来到废弃的平安医院，在破败的产科病房发现血迹斑斑的婴儿服，暗示3年前的医疗事故。
> 双重身份：主角在调查中发现自己与医院院长存在血缘关系，而鹦鹉

> 竟是当年难产而死的孕妇灵魂所化。
>
> 命运闭环：当主角准备报警时，他发现自己的手机信号被屏蔽，而医院院长正带着手术刀走向他，暗示悲剧即将重演。
>
> 后续生成内容略。
>
> 你 很好，请你生成完整的故事剧本。

步骤❷ AI 生成故事配音

当我们通过前面的步骤获得故事剧本后，就可以根据剧本为角色进行配音了。配音工具前面已经推荐过，它们有丰富的音色选择，甚至包括方言。你可以根据剧本中的人物设定，挑选合适的音色生成配音，同时选择一个播音腔人声来担任旁白解说。由于具体操作前面已经演示过，这里就不再重复了。

步骤❸ AI 生成视频画面

由于短剧对画面质量要求比较高，因此我们不能依赖静态画面或混剪视频，而是需要根据剧本的分镜要求，生成与故事场景高度契合的动态画面。这时，我们就需要借助能够生成特定视频的AI工具了。

目前市面上免费且效果较好的文生视频工具我比较推荐以下几款。

- 即梦AI；
- 可灵AI；
- 海螺AI；
- 通义万相；
- 跃问；

- 智谱清言；
- Lumen；
- Luma。

当我们有了合适的工具后，就需要为它提供生成画面的提示词。这一步操作非常简单，即使我们无法精准描述这些画面，也可以将任务交给AI，让它根据剧本分镜生成每个画面的提示词。

以下是让AI描述视频画面的提示词，以即梦AI为例。

> 🧑 现在我想通过 AI 生成视频的方式，分片段去呈现这个故事，请你根据这个剧本为我逐个生成描述各个分镜片段画面的提示词，让 AI 可以通过这些提示词去生成合适的画面。
> 我使用的 AI 视频生成平台是即梦 AI。
>
> 🤖 以下是为即梦 AI 平台设计的分镜提示词模板，严格遵循"镜头语言+光影+主体+运动+场景+氛围"的结构，并标注了关键要素。
>
> 第一幕：诡异收件
>
> 分镜 1-1
>
> 镜头语言：低角度仰拍 +360° 环绕。
>
> 光影：闪电蓝白强光+顶棚漏雨的光斑。
>
> 主体：湿透刘海儿的快递员（特写颤抖的手）。
>
> 运动：缓慢靠近悬浮的金色鸟笼。
>
> 场景：堆满渗血快递箱的仓库。
>
> 氛围：婴儿哭声混着心电图警报声。

提示词：

"暴雨夜仓库内，年轻快递员湿透工作服特写，闪电照亮金色鸟笼时所有快递箱渗出红水，360°环绕拍摄主角惊恐表情，顶光制造面部明暗对比，背景音效婴儿哭声渐强。"

后续生成内容略。

当你拿到 AI 给你的文生视频的分镜画面提示词之后，你就可以到即梦 AI中找到【AI 视频】。由于这里是对风格连贯性要求比较高的故事，所以建议你单击【故事创作】按钮。

进入创作界面后，即梦AI会提示你创建分镜画面小结。你可以根据前面AI生成的分镜画面提示词，直接创建所需的视频画面，并将相应的提示词粘贴进去。这样，你就能快速生成与剧本高度匹配的动态画面。

当你将分镜画面提示词粘贴完后,单击分镜的【做视频】按钮,即梦 AI 会弹出【视频生成】面板,如果没有特殊要求,直接单击【生成视频】按钮,它会自动生成符合描述的视频画面。

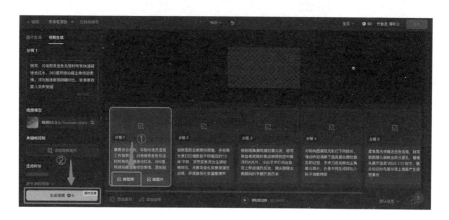

由于生成过程中存在一定的随机性,某些特定画面可能需要多次尝试才能达到理想效果。虽然这个过程略显烦琐,但只要有耐心,最终一定能获得让你满意的结果。

第一个画面生成之后,其他画面也是同样的操作,篇幅原因就不赘述了。

分享一个小技巧:如果你对画面质量要求较高,尤其是希望呈现接近电影级别的视频效果,可以先用AI绘画工具生成故事中的各个人物形象,然后让AI基于这些人物形象生成视频。这种方法能确保人物形象和视频风格的一致性,提升整体质感。

步骤❹ 用剪映合成大片

和前面的场景类似,当你获得文稿字幕、视频画面和配音文件后,就可以通过剪映进行合成了。根据你的需求,可以在剪映中为视频添加合适的背景音效、字幕、特效等,进一步提升视频的质感和观感,打造电影级效果。由于这部分操作前面已经详细讲解过,就不赘述了。

场景❹ AI数字人视频

在许多视频场景中,真人出镜的口播内容是必不可少的,但真人出镜不仅耗时耗力,还对镜头表现力有极高要求。因此,如果你需要制作涉及真人出镜的视频,可以用AI数字人代替真人。

我们以知识赛道的一个场景为例:生成古代名人的数字人形象,让他们进行对话,比如"苏格拉底与老子对话"。以下是该场景的具体实现步骤。

步骤❶ AI 生成对话文稿

和前面的场景一样,如果你没有能力自己写文稿,那么可以直接让 AI 帮你生成。以下是参考提示词。

> 🧑 我想做一个古代名人对话的视频,现在请你同时扮演老子和苏格拉底,让他们围绕"人生的意义"这个话题展开讨论,并为我生成他们对话的文稿,对话时长大约 10 分钟。
> 请注意:
> 1.请确保对话的语气和思想性符合主人公历史上的真实情况,不得胡编乱造;
> 2.以对话的形式生成内容,想象一下如果他们真的有机会坐在一起讨论这个话题,他们会谈什么,会是怎样的场景。
>
> 🤖 (场景:雅典卫城废墟旁,橄榄树荫下。老子身着素色深衣,苏格拉底披着简朴长袍对坐于石凳之上。远处传来萨拉米斯海风的轻吟。)
> 苏格拉底(轻抚陶杯边缘):"异邦的智者,我听闻你主张'大道泛兮,其可左右',这与雅典哲人将哲学从星辰拉回人间竟有奇妙呼应。但你如何理解人生在世的根本意义?"
> 老子(指尖掠过石桌纹路):"万物并作,吾以观复。你看这石纹

如水脉流转，人生意义不在追逐而在顺应。五色令人目盲，五音令人耳聋——世人向外求索，反失其本。"

后续生成内容略。

步骤❷ 获取生成数字人形象的提示词

当我们有了对话文稿之后，就可以让 AI 帮我们生成这两位智者的形象。下面是参考提示词。

> 🧑 我想通过即梦 AI 画出老子和苏格拉底的形象，我该如何向 AI 描述呢？请你分别提供生成他们二人形象的提示词。
> 请注意，我需要把他们做成数字人，请你只突出主体的形象，不要有其他无关的环境或者物品出现。
>
> 🤖 根据你提供的知识库中关于 AI 生成古代名人的技术要点，以下是针对即梦 AI 的精准提示词建议。
>
> 生成老子形象的提示词：
>
> "中国古代哲人老子，约 70 岁，长须，白发束于头顶，面容清瘦且眼神深邃，身着素色麻布深衣，衣纹垂坠自然，手持竹简，面部光线柔和，写实风格，8K 分辨率，人物居中，正面面对镜头，无背景。"
>
> 生成苏格拉底形象的提示词：
>
> "古希腊哲学家苏格拉底，55 岁，地中海式秃顶，浓密卷曲胡须，深邃眼窝，身着朴素亚麻长袍，手持陶杯，肌肉线条自然，古典雕塑质感，写实风格，8K 分辨率，人物居中，正面面对镜头，无背景。"

步骤❸ AI 生成数字人形象

当我们获得提示词之后,就可以用即梦 AI 或其他 AI 绘画软件生成我们所需要的数字人形象了。

这里要特别提醒一下,由于 AI 绘画模型存在随机性,因此可能需要让它多生成几次才能得到一张较好的形象图。

当拿到人物形象之后,我们就可以要求AI基于人物形象生成栩栩如生的数字人了。

步骤 ❹ 生成数字人视频

关于AI生成数字人，实际有两个细分类别：第一类是对口型数字人（通过单张图片生成），第二类是生成匹配真人级的数字人。后者可达到以假乱真的出镜效果。

对于前者，前面推荐的文生视频工具几乎都能实现。而对于后者，市场上做得最好的当属HeyGen。

在HeyGen平台，你只需提供内容文稿、声音样本和数字人形象，系统会自动生成出镜级数字人，几乎可以做到以假乱真。但其收费不低，国内较好的平替有剪映和必剪的数字人功能。

由于我们不需要高精度数字人，可以使用即梦 AI 生成对口型数字人。

在之前生成数字人形象的界面切换到【视频生成】面板，然后选择【对口型】，在【角色】选项中上传我们刚才生成的数字人形象。

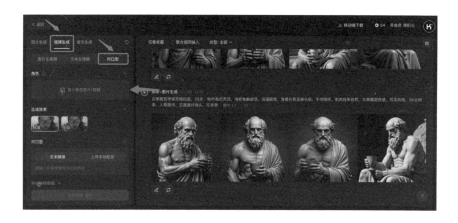

在【对口型】选项中上传前面AI生成的对话内容（选择【上传本地配音】）。如果不想上传，选择【文本朗读】。不过，即梦 AI 自带的音色有限，可能无法满足你的需求。为了确保有更好的效果，建议你通过前面提到的海螺AI生成配音文件，然后上传到这里使用。

当你把音色以及文本设置好后，就可以单击【生成视频】按钮了，片刻功夫，你就可以得到老子和苏格拉底开口讲话的视频。

步骤❺ 用剪映做后期精调

和前面的思路一样，当你获得所有的视频、配音、字幕等内容之后，就可以把它们拖入剪映里进行最终的合成和精修了。

第三部分
AI自动化与高阶应用

第十一章

AI自动化：
告别重复劳动的AI自动化方案

知识要点

❶ 认识 AI Agent

❷ 如何配置工作流？

前面介绍了多种AI应用场景，如AI设计、AI写作、AI音视频制作等。然而，实际操作中你会发现，要达成预期目标往往需要经过多个步骤。以写作为例，我们可能需要经历选题获取、标题拟定、大纲设计、正文生成、后期润色、配图、审查、排版等多个环节，才能产出优质内容。

你可能会想：既然AI如此强大，能否将复杂任务的多个步骤整合起来，实现"一键式"操作？换句话说，我们能否像对待一位能力超强的员工一样，只需下达一个宏观任务，简单提几个关键词，AI就能按照预期自动执行任务、分析问题、制定策略，最终自动完成所有工作，无须我们介入？

答案是肯定的！这涉及AI Agent（智能体），本章将详细介绍。

一、认识 AI Agent

AI Agent 即智能体,它可以像一位超级员工一样,帮你处理所有工作细节。你只需给它下达一个宏观任务,它就会按照预设流程,自动完成所有步骤,甚至能自主规划并解决问题。整个过程无须你干预,它就能出色地完成任务。可以说,几乎所有能用计算机做的事情,理论上它都能做。

那么,如何创建智能体来实现我们前面提到的效果呢?下面是完整的实操方法。

1. 选择工具

工欲善其事,必先利其器。我们想创建智能体,就必须了解市面上都有哪些可以创建智能体的工具。目前市面上的主流智能体创建工具有以下几款。

- 扣子;
- Dify;
- Make;
- Zapier;
- n8n。

虽然目前的工具还无法完全实现理论上智能体的效果,但对于绝大多数工作场景,它们已经足够强大。随着平台生态的不断丰富和完善,理想中的超级智能体指日可待。

由于扣子是由字节跳动公司开发的,它更贴合国人的使用场景和习惯,生态也更加丰富。它内置了多种AI模型和插件，包括DeepSeek（R1）模型等，更重要的是，它对个人用户完全免费。因此，这里以扣子为例进行讲解，其他智能体创建工具的操作逻辑大同小异，掌握一种即可触类旁通。

2. 认识扣子

当你注册并登录扣子之后，你会看到下面的页面。

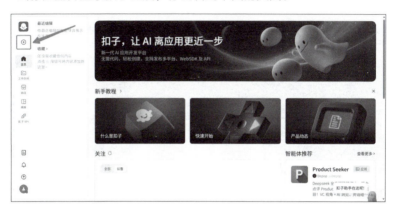

单击左侧边栏的⊙按钮，即可开始智能体的创建。这里扣子会提供两种创建模式，除非你想创建商业级的应用或者你对扣子已经非常熟悉了，否则更建议你选择【创建智能体】，这种模式对新人更加友好。

当你单击【创建智能体】之后,扣子会弹出一个对话框,其中有【标准创建】、【AI 创建】方式供选择。这里的【标准创建】指的是完全用你自己的方式完成每一步的搭建工作;而【AI 创建】则是指你描述你的需求,AI 帮你实现功能。

对于新手,且任务不复杂的场景,推荐用【AI 创建】方式。如果任务有复杂的流程,难以通过语言描述清楚,则推荐用【标准创建】方式。

这里先以【AI 创建】方式为例进行介绍。假设你想创建一个旅游计划智能体,要求实现实时查询航班以及入住酒店信息,并提供丰富的游玩攻略等功能,那么你可以按照前面讲过的提示词撰写策略写出下面的提示词。

> 我想创建一个帮我做旅游计划的小助手,要求可以实时查询计划中的航班信息和入住酒店信息,并能提供丰富的游玩攻略。

当你写完提示词之后,你可以直接单击下面的【生成】按钮,AI 会帮你自动生成智能体名称、头像以及实现提示词中描述的功能。

智能体创建完毕之后,AI 会向你发出确认信息,单击【确认】按钮即可进入智能体的配置页面。

智能体的配置页面有3个功能分区,左侧为【功能实现区域】,你可以在这里通过提示词的方式设定这个智能体的工作逻辑。中间是【参数配置区域】,你可以在这里赋予智能体更多、更复杂的功能。右侧是【调试预览区域】,你可以在这里实时测试智能体的实现效果。

左右区域都很好理解,最复杂的是【参数配置区域】,下面用好理解的方式详细介绍这个区域。

【插件】插件用来扩展智能体的功能,它可以让你的智能体拥有上网搜索、图片理解、音乐生成以及直接执行代码等功能。你可以根据需要在这里为你的智能体赋予任何能力(见下图)。

【工作流】工作流是让智能体完成多任务、复杂流程的关键,可以说没有工作流智能体就不存在,后面会具体讲解。

【触发器】控制智能体在什么时间,以什么形式执行什么操作。

【知识】控制智能体参考什么资料进行回复。你可以把你本地的一些数据上传至此,智能体在执行相关任务的时候会按照你提供给它的数据进行处理。

【记忆】控制智能体的记忆能力,你可以通过4种方式规定设置,让智能体记住你的一些信息,以后调用它的时候,不必重复交代信息,从而实现更人性化的交互方式。

【开场白】控制智能体向用户打招呼的方式。

【用户问题建议】智能体会根据交互内容自动猜测用户可能提的问题,

然后列出问题让用户选择,用户选择后,智能体则会进行回复,省去用户打字的烦琐。

【快捷指令】你可以在这里预设一些功能,让用户直接选择。

【背景图片】类似于微信聊天界面的自定义背景,起到美观效果。

【语音】你可以在这里选择智能体回复问题时的声音。

【用户输入方式】你可以在这里设置用户和你的智能体交互时用什么输入方式,是打字、发语音,还是语音通话。

如前面图片所示,若选择【AI创建】方式,你会在这3个区域看到一系列预设参数。若选择【标准创建】方式,此页面将是空的,一切需要自己配置。

如果你的任务不复杂,AI帮你创建的智能体基本能实现预期效果,无须进行额外设置,那么单击右上角的【发布】按钮即可。发布之后,用户可通过链接访问你专属的智能体。

如果你的任务非常复杂,需要多个流程配合,就需要自己配置工作流了。下面先来认识工作流。

3. 认识工作流

想让智能体完成复杂任务,最核心的要素就是【工作流】——没有工作流,AI就不算是智能体。什么是工作流?它是各种小任务要素按照特定目标连接起来的流程,通过这个流程可以完成一个复杂的大任务。

工作流就像工厂的流水线,从开头到结尾,每个环节负责特定任务,上一节点完成后传递给下一节点,当所有环节完成后,最终产出成品。因此,搭建智能体的关键环节就是工作流的创建。

创建工作流很简单,只需要在智能体配置页面的【参数配置区域】找到【工作流】,然后单击 按钮,打开【添加工作流】对话框。

打开【添加工作流】对话框之后,只需要单击左侧的【创建工作流】按钮,然后选择【创建工作流】。扣子会弹出对话框,在其中填写工作流名称,并描述工作流,然后单击下方的【确认】按钮即可完成创建。

工作流创建好之后会进入工作流的配置工作台。

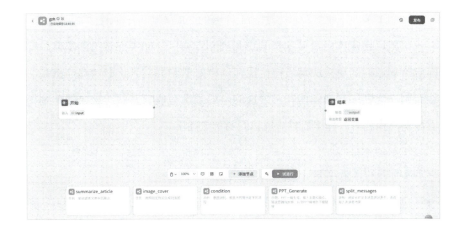

二、如何配置工作流？

当你进入工作流的配置工作台后,你会发现扣子默认创建了两个节点:一个是开始节点(Start),另一个是结束节点(End)。这两个节点各自带有一个默认参数——开始节点(input)用于接收用户的请求输入,而结束节点(output)则用于输出最终产品。

工作流就像工厂流水线,开始节点相当于输入原材料的地方,而结束节点则是原材料经过加工后变成最终产品的地方。想要实现这个效果,我们需要按照一定的逻辑,配置一系列加工工序(中间节点),确保原材料能够通过这条流水线,最终变成我们想要的产品。

当你理解流水线的逻辑之后，工作流的底层逻辑你就抓住了。

这里以自媒体平台公众号的封面图制作为例。如果你做过自媒体，那你应该知道封面直接决定流量，没有一个好的封面就无法取得高点击率。然而制作优质的封面图是非常烦琐的，如果没有模板，做起来会很费劲，但是现在我们可以利用智能体帮我们搞定这件事。

步骤 ❶ 规划实现流程

决定工作流最终输出结果的是中间的一道道处理工序，不同的工序制作出来的产品是不同的。因此，在做任何工作流产品之前，要先明确你最终想实现什么样的效果，然后根据这个目标去构思实现它的一道道工序。

例如，我们最终想实现的效果是类似于这样的：用户只需要在开始节点处输入几个关键词，智能体自动根据所输入的关键词生成和主题贴合的图片，然后调整生成的图片，降低它的亮度，以突出文字部分，随后把关键词以合适的字体和字号放到图片的正中间，最后结束节点输出最终的封面图。

那么根据我们的目标，把这套思路带入上面的工作流中，大概就是下图所示的逻辑。

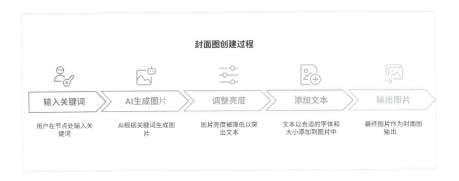

而实现这套逻辑，就会用到以下工具。

- **AI文本大模型**：可以根据我们的关键词自动补全用于生成AI图片的提示词。
- **AI绘画大模型**：接收前面文本大模型给到的提示词，根据提示词生成图片。
- **图片处理工具**：可以操作图片，设置图片的各项参数。
- **文字添加工具**：可以往图片上加入指定文本。

接下来进入动手操作环节，实现具体功能。

步骤❷ 一步步配置实现

开始节点扣子已经自动创建好了,因此我们可以在此基础上操作。当你触碰到节点右侧的 ■ 时,它会变成 ⊕,拖动,它会变成箭头,然后弹出让你添加工序所用工具的面板。

这里的大模型就是各种 AI(比如豆包、DeepSeek、Kimi 等)。插件就是各行各业、各种用途的工具。而下面的各种工具在前期我们不太用得上,它们一般是用来实现复杂功能的。随着业务场景的深入,你自然会碰到和学会,篇幅原因这里不逐个深讲。

前面提到,实现这套逻辑需要用到大模型工具,因此单击【大模型】把它添加进来。添加之后,单击这个节点,右侧会弹出这个节点的具体配置面板。

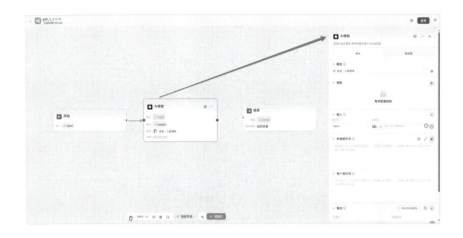

这里的参数有很多,看起来很复杂,但是不要畏惧,因为你仔细观察会发现,其实大模型本质上还是我们前面讲的 AI 的用法。

【模型】选择用什么 AI 进行处理,比如豆包、DeepSeek,抑或者其他AI。

【技能】赋予大模型一些额外技能,比如联网搜索等,没有特别需要一般无须配置。

【输入】设置用户输入的关键词怎么进入这个大模型里,这里输入就是通过input这个变量来接受前面的参数的。

【系统提示词】给 AI 设置工作指令的地方。

【用户提示词】用户输入的内容,以引用input变量的形式呈现,如{{input}}。

【输出】大模型最终输出结果的存放位置,通过output变量来存储输出结果。这个结果下一款工具可以调用。

当你明白了各个参数的含义之后,就可以开始配置了。示例见下图。

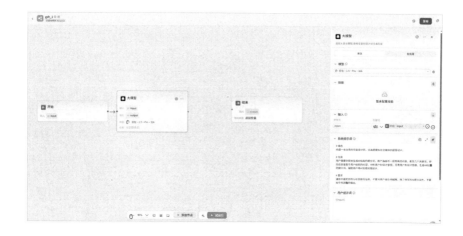

搞定第一道工序之后，进行第二道工序的配置。方法同上，通过箭头引出工具面板，然后找到【图像生成】工具，单击添加。

添加之后，单击该节点，打开该节点的配置面板。参数及说明如下。

【**模型**】在这里选择需要的 AI 绘画模型，比如通用的、更专注人像的、油画的等，一般选择通用即可。

【**比例**】根据需要选择图片的尺寸。

【生成质量】控制生成的图片的精细程度。

【参考图】如果需要根据某个参考样式生成图片，就可以在这添加。不需要就不用管。

【输入】用来接收【大模型】输出结果的存储变量。

【正向提示词】直接引用前面【大模型】生成的提示词即可。

【负向提示词】不希望画面里出现的东西。一般不需要填写。

【输出】用来存储生成的图片，data 是图片本身，msg 是生成过程中的一些文字信息。

当你明白各个参数的含义之后，就可以开始配置了。示例见下图。

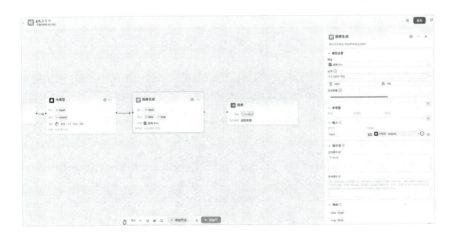

搞定前面两道工序后，进行第三道工序的配置，即添加【图片处理工具】。方法同上，通过箭头引出工具面板。但是经过搜索发现工具面板里没有能实现我们想要的效果的工具，这个时候就需要单击面板里的【插件】，去插件市场里看看有没有能实现我们想要的效果的插件。

经过搜索发现有一款叫作【调整】的插件,可以实现我们想要的效果,单击【添加】按钮,即可插入插件。

单击添加的节点,即可打开该节点的配置面板。

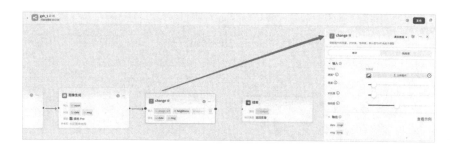

可以看到这个节点的参数非常少,而且易于理解。单击【原图】右侧的【上传图片】按钮,然后选中上个节点生成的图片(data)即可。根据需要调整亮度和对比度,拖动滑块即可调整。

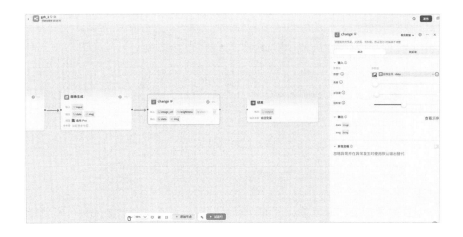

前面3道工序都完成了,下面配置最后一道工序,即添加【文字添加工具】。方法同上,通过箭头引出工具面板。经过搜索发现面板里没有能实现我们想要的效果的工具,这个时候就可以去插件市场里寻找。

经过搜索发现有一款叫作【添加文字】的插件,可以实现我们想要的效果,单击【添加】按钮,即可在工作流里插入插件。

单击这个节点,打开该节点的配置面板。

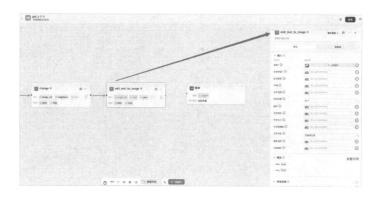

这里面的参数非常多,仔细观察会发现,其实这些参数都是一看就能理解的。

【底图】需要把文字添加到哪张图片上?可以直接在这里把上个插件处理的结果给引进来。

【文字内容】想在图片上添加什么字?可以直接引入开始节点处提供的关键词,即input变量。

其他的参数都比较容易理解,你可以根据你的需求自行调整。示例见下图。

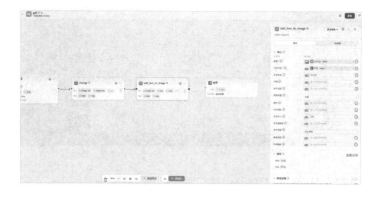

到这里我们就配置完所有工序了，但是我们还差最后一个环节，即把这些工序和结束节点连接起来，形成一个完整的工作流。

操作很简单，只需要把上一个节点的箭头引到结束节点，然后打开结束节点的配置面板，把上一道工序做出来的最终产品接收到这里来。

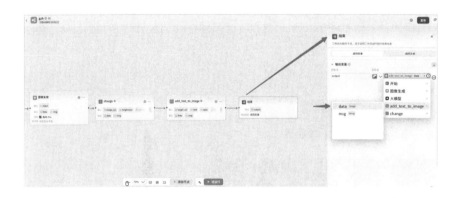

当你完成上面的操作之后，你就会得到一个完整的工作流。

单击下面的【试运行】按钮，在开始节点输入任意关键词，AI 会帮你完成一张符合你要求的封面图。测试没有问题之后，你可以单击右上角的【发布】按钮，把它变成工具，供你前面创建的智能体随意调用。

当然，扣子的用途有很多，你可以用它实现非常复杂、强大的功能，把你的生产力提升到极致。虽然受制于篇幅，这里只能演示这么一个案例，但是它已经包含了当前智能体用法的底层逻辑，你可以在这个基础上自行探索、研究。

第十二章

AI编程：
零编程基础也能
打造可变现软件

知识要点

❶ 简单场景——基础小工具实现

❷ 进阶场景——网页端程序实现

❸ 复杂场景——软件级程序实现

CHAPTER 12

上一章介绍了智能体。尽管它已具备强大能力，但仍有局限，例如无法直接处理本地文件和数据，或执行高度定制化任务。要实现这些功能，就必须涉足编程领域。

过去，编写代码、开发软件一直是程序员的专属技能，大多数人只能依赖市面上的现成软件。然而，这些软件往往不够理想——要么价格高昂，要么功能受限。若想自行开发，编程的复杂性又让大多数人望而却步，实现理想效果更是难上加难。

但在AI时代，这一壁垒几乎被打破。借助AI，你现在可以轻松开发自己的软件，实现个性化需求，而不需要编程基础。本章将通过3个循序渐进的案例，带你掌握AI编程的核心思路，让你在AI的助力下，零基础打造属于自己的软件。

一、简单场景——基础小工具实现

众所周知,编写软件程序通常需要搭建环境。而我们所说的简单场景,无须搭建任何环境,只需借助网上在线代码运行工具,甚至直接在AI大模型中运行的小工具。虽然这种场景无法实现复杂功能,但对开发简单实用的小工具已经足够。最重要的是,你无须具备任何编程能力。

实际上,这类场景我们之前已有所涉猎。前面我们探讨了通过代码生成图表的方法,这本质上就是此类场景的应用。为了让你更深入理解其核心用途,我将介绍一个职场中极为实用的场景,带你全面掌握这一技巧。

如果你经常浏览微信群或朋友圈,可能会注意到有些人将你关注领域的最新资讯和事件以图片形式的简讯分享。这种做法能吸引你持续关注,即使他们发布广告,被你屏蔽的风险也会降低,因为他们为你提供了有价值的信息。

然而,人工筛选信息并制作精美图片,日复一日地分享,无疑是项繁杂的任务。因此,如果你有类似需求,可以借助AI和HTML(超文本标记语言)代码来自动化这一过程。

以下是参考提示词(需启用大模型的联网功能)。

> 你 请你整理一下今天网上最火的10条关于AI的新闻,然后用HTML把这10条新闻做成日报。
>
> 注意事项如下。
>
> 1.日报标题参考格式:常青分享-AI每日大事件|××年×月×日。

> 2.每条新闻均包含3个部分：新闻标题、新闻简介、新闻来源。
> 3.用舒适、美观的排版格式呈现。
> 4.当运行代码后，自动把日报保存为图片。
>
> 🅐 以下是根据要求整理的 HTML 代码，包含10条 AI 相关新闻并支持自动保存为图片的功能：
>
> 后续生成内容略。

你可选择使用DeepSeek或Claude等模型，它们能够直接执行HTML代码。代码生成后，你只需找到【运行】按钮，单击即可查看结果。倘若你的模型不具备直接运行代码的功能，也无须担忧。你可以在网络上搜索【HTML在线运行】工具，将AI生成的代码粘贴至工具中并运行，便能生成日报。

当然，这类编程场景太多了，比如，你可以创建精美的小红书图卡，可以直接打印使用的简历；可以创建各种复杂的可视化图形图表、特效，甚至简单的网页游戏等。下面通过两个小案例帮助你拓展思路。

AI动画PPT一键生成

> 请你根据下面的数据制作业绩汇报PPT，使用HTML生成，并使用SVG加入一些小动画。
>
> 2024年度业绩汇报
>
> 目标完成率：75%
>
> 年度销售额：¥8520万元，24.3% 同比增长
>
> 新客户获取：1235，16.8% 同比增长
>
> 平均利润率：32.4%，-2.1% 同比下降

AI天气预报系统一键开发

> 我想开发一个HTML版的天气预报系统，请你帮我完成所有设计和开发。
>
> 请注意：
>
> 1. 思考用户需要该系统实现哪些功能；

2. 作为产品经理规划页面；

3. 作为设计师思考这些页面的设计；

4. 使用HTML生成所有页面；

5. 可以使用Font Awesome等开源图标库，让页面显得更精美。

场景太多，这里就不赘述了。如果感兴趣你可以自行尝试、探索，方法都是相通的。

二、进阶场景——网页端程序实现

尽管前述场景能实现众多功能，但终究局限于简单小工具，无法开发带有复杂交互和处理功能的平台。若你渴望更进一步，在不需要编程技能的情况下打造工具站、博客乃至平台站等更高级别的产品,那么需要借助其他AI工具。

目前,这一领域有几款效果显著且对个人用户免费开放的工具,足以满足大多数需求。以下是5款值得推荐的AI工具。

- Trickle;
- Bolt;
- v0;
- Lovable;
- Brancher。

这些工具都是由 AI 驱动的程序设计平台,可以让一个不懂代码的小白也能创建出功能复杂的前端产品(你所看到的所有网站都属于前端产品)。

以Trickle为例,其他工具的操作大同小异。这里将演示如何创建一个收集用户邮箱的落地页,实现用户点击订阅后,你可以通过邮件向他们推送文章或广告信息的功能。具体操作步骤如下。

步骤 ❶ AI 辅助描述需求

如前面所说,我们在做任何产品、实现特定效果的时候,首先要搞清楚想实现的目标,以及实现目标的清晰路径。

虽然构思产品非常"烧脑",但正如前面分享过的诸多场景一样,遇到这类需要动脑子、考验专业能力的事情,我们都可以直接扔给 AI 来做。比如,你可以直接对 DeepSeek 或其他 AI 说出你的需求,让 AI 帮你完成构思。

这里以开发一个在线的邮箱收集系统为例，下面是参考提示词。

> 🧑 我叫常青，一名个人成长领域的博主，我想通过 Trickle 做一个收集邮箱的落地页，以实现通过邮件对目标用户推送消息的功能。
> 我能给用户的价值是，当用户订阅我的邮箱之后，他可以从我这里不定期获取一系列个人成长类的干货内容，包括但不限于个人管理、AI 实践、学习力、思维力以及其他的经验和思考。
> 请你根据我的定位和价值，帮我写一个给 Trickle 的提示词，以便它帮我做出一个好看且符合我风格的邮箱收集落地页。
>
> 🤖 根据你的需求，我为你设计了一个详细的提示词，用于指导 Trickle 创建一个符合你个人成长领域博主定位的邮箱收集落地页。以下是提示词的内容。
> 后续生成内容略。

特别提醒：当 AI 为你生成提示词后，请仔细检查提示词的描述是否准确契合你的需求。如有必要，可在此基础上进行多轮调整和优化，直至提示词完全满足你的期望。一旦获得理想的提示词，便可以着手进一步实现这一创意了。

步骤❷ 注册并使用 Trickle 工具

当你通过前面的链接注册并登录 Trickle 之后，你会看到如下页面。它的设计非常简约，简约到只有一个对话框和寥寥几个选项，如果你没有特别需求，不要动它的默认参数。你需要把前面 AI 生成的提示词粘贴到它的对话框里，然后单击对话框下面的 图标。

当你提交需求后，AI 将生成一个精美的邮箱收集落地页。

当然，如果你不满足 AI 生成的初稿，你还可以通过左侧的对话框对它进行调教，直到修改成你满意的样子。比如，我觉得背景颜色太白且 hero-image 太丑，那么我可以直接告诉 AI 让它帮我修改。下面是参考提示词。

> 背景颜色太白了，我希望背景配色营造一种温暖、治愈的感觉，以暖色调为主，比如米黄色系渐变。此外，hero-image 太丑了，请你把这部分换成我上传给你的图片。

提交提示词之后，它会完全按照你的要求完成修改。

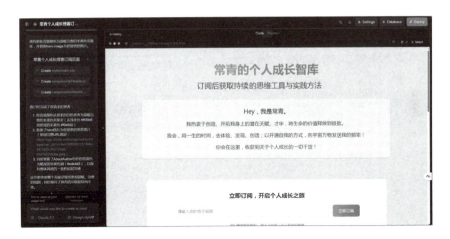

完成操作之后，你可以单击右上角的【部署】（Deploy）按钮，发布你的网站，它会免费为你提供运行你程序的域名以及所需的服务器，你可以直接访问你创建好的网站。

这个案例所创建的网站不仅实现了邮件的收集任务,还贴心地设计了数据统计的后台,我可以在这里看到用户的行为轨迹。

这仅仅是一个简单的实操示例,我并未投入大量时间进行深度优化和精细调整,也未实现其他复杂功能。然而,请相信,只要愿意与AI深入互动,你完全有能力打造出功能强大且复杂的网站。

三、复杂场景——软件级程序实现

通过前面的进阶场景，我们学会了如何实现前端项目，但是如果想要实现我们常规所理解的那种跨设备且功能强大的商业级应用（App、计算机软件、小程序等），就不能用前面的方法了。

首先要有可以做跨设备使用的、功能复杂的软件，其次就需要强大的 AI 编程工具来助阵。目前这个场景下，效果较好且个人免费够用的工具有以下3款。

- Trae；
- Windsurf；
- Cursor。

特别提醒：这些工具都需要下载相应的应用程序，然后安装到计算机上才能使用，无法通过网页在线使用。

Trae 是由字节跳动开发的工具，更符合我们的使用习惯，界面完全是中文，目前对个人完全免费。这里用它来做实操演示。

比如，以"个人计划管理的 ToDoList 程序"为例，实现添加/删除任务、任务状态标记、日期视图管理等功能。下面是具体的实操步骤。

步骤❶ AI 生成项目 PRD 描述

软件开发的第一步是明确软件的功能、预期效果以及可行的构建方案。这一环节在专业领域被称为PRD（Product Requirements Document，产品需求文档）的撰写，PRD详细阐述了软件开发的各项需求信息。对于大型复杂项目，编写PRD无疑是至关重要的一步。

如果你不熟悉如何撰写PRD，AI可以代劳。以下是参考提示词，供你使用。

> 👤 我想做一个"个人计划管理的 ToDoList 程序"项目，实现以下功能，请你帮我生成一份 PRD，以 Markdown 代码的形式给我。
> 1.添加/删除任务：支持快捷输入（如顶部输入框+按Enter键确认），支持批量删除（如左滑或长按多选）。
> 2.任务状态标记：勾选复选框标记完成，支持撤销操作。
> 3.日期视图管理：通过左右箭头切换日期视图，支持日/周/月模式。
>
> 🤖 以下是为你设计的个人计划管理 ToDoList 程序的 PRD 框架，采用结构化表达并标注关键交互逻辑：
> 后续生成内容略。

当 AI 给你生成文档后，你可以先读一下，看看其描述是否符合你的需求，如果有不满意的地方可以反复调教直到满意为止。

步骤❷ 使用 Trae 实现功能

下载安装 Trae 之后，你会看到如下界面，虽然它是大型项目开发工具，但是其界面十分简洁。如果你是第一次接触，无须关注其他地方，把你的注意力放到右侧的AI对话区。

AI对话区设有两种模式:【Chat】和【Builder】。前者可视为嵌入代码编辑器的对话AI,它能提供建议并直接修改代码,但其权限较小,仅限于当前页面操作。后者则如同一位真正的程序员,你只需提供项目的PRD,它便会自动分析文档,制定开发策略,配置环境,并最终实现你的需求。

因此,若你缺乏编程基础,建议选择【Builder】模式进行项目构建。随着你对软件的理解逐渐深入,再考虑其他定制化操作也不迟。

切换到【Builder】模式之后,你不需要做额外操作,只需要用下面的提示词,把你的 PRD 给到 AI 即可。

> 我想做一个"个人计划管理的 ToDoList 程序"项目,以下是项目的具体 PRD,请你仔细阅读,然后帮我实现这个项目。
> (这里附上前面 AI 帮你生成的 PRD 的内容)

当你把提示词以及 PRD 内容给到 AI 之后,你就可以按 Enter 键或者单击右下角的 图标,让 AI 帮你实现效果。

由于项目复杂且需要诸多本地化操作,因此 AI 在这个过程中可能会持续向你发出请求以获取一系列权限,请你一律允许。然后剩下的就是等待它完成。

当AI完成项目后,你可以直接向AI询问相关步骤,并按照它的指引完成项目的部署和运行。在整个过程中,若遇到任何不清楚的操作,可以随时向AI寻求帮助。

特别提醒：在大多数情况下，尤其是涉及复杂项目的开发时，AI 生成的内容可能存在诸多 bug（缺陷），例如部分功能无法正常运行、报错等。遇到这种情况，将 bug 信息提供给 AI，让它自行修复即可。

虽然反复对话并调试的过程可能有些漫长和烦琐，但只要你与AI持续配合，就能解决大部分问题，最终实现你想要的效果。经过我和AI的几轮配合，我们成功运行了项目并实现了预期的功能。受篇幅所限，这里不进行每一步的演示，按照上述思路实操一遍，你会有直观的感受。

第十三章

本地部署：
打造完美的私人AI助手

知识要点

1. 调用 API 部署
2. 完全本地部署
3. 本地部署的好处

CHAPTER 13

前文提到的AI工具多为线上平台,虽然使用方便,但也伴随着数据泄露、监管限制和功能受限等问题。

如果你重视数据安全、希望减少限制,并追求个性化功能,那么将AI部署到私人设备无疑是很好的选择。接下来,我将为你提供一套完整的AI本地部署实操指南,并介绍两种主流方式,助你轻松上手。

一、调用 API 部署

API（Application Program Interface，应用程序接口）用于让不同软件相互通信，就像餐厅的服务员——你无须亲自下厨，只需点菜，服务员（API）便将菜品从厨房端上桌。同理，若网页版 AI 无法满足你的定制需求，你可以直接调用其 API，在本地实现更自由的功能。目前，各大 AI 厂商（如 DeepSeek、通义千问、Kimi、ChatGPT、Claude、Grok 等）均提供 API。

以字节跳动的火山引擎为例，在此可申请豆包、DeepSeek、Kimi 等模型。登录后，你将看到多个 AI 模型，可按需选择。

接下来，我们以调用 DeepSeek（R1）为例，演示具体操作步骤。

步骤 ❶ 获取 API 服务

在首页的左侧边栏往下滑动，找到【API Key 管理】按钮并单击，即可在右侧界面看到【创建 API Key】按钮，单击它。

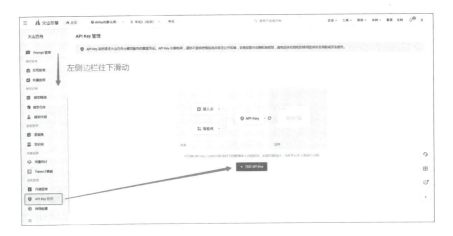

随后会弹出对话框让你填写名称，如果你没有需要指定的，请不用理会，直接单击【创建】按钮，然后你就可以得到专属于你的 API Key。请复制 API Key，下面我们配置的时候会用到。

完成 API Key 的获取之后，在左侧边栏单击【开通管理】按钮，然后按照下图开通 DeepSeek（R1）模型服务。

单击【开通服务】后会进入结算页面，直接单击【立即开通】按钮即可。完成之后，你就搞定了获取 API Key 的全部流程，今后，你就可以直接通过这个 API Key 任意调用你在该平台上所开通的所有 AI 模型了。其他 API 提供平台也是类似操作。

那么拿到 API Key 后,我们可以怎么用呢?如何把其配置到本地呢?

步骤❷ 配置本地客户端

这一步需要用一系列能承接 API 的 AI 工具,这类工具有很多,比如 AnythingLLM、ChatALL、Cherry Studio、Chatbox 等,这些工具都是开源、免费且功能极其强大的载体,你可以在网上搜索到。因为我个人主要在用 Cherry Studio,且体验非常好,因此也推荐你使用。

该工具开源、免费,数据完全本地化,且自带各种形式的功能,如AI绘图、智能体、AI 翻译、AI 小程序、知识库、文件库、AI 搜索等。

· 进入 Cherry Studio 的下载页面,然后下载并安装即可使用。

安装完成后,我们先不用理会其他功能,单击【设置】按钮(图中①所示),然后找到你所在的 API 平台(图中②所示),单击进入相关设置界面后,开启功能(图中③所示)。把我们前面从平台获得的 API Key填入【API密钥】编辑框里(图中④所示),之后单击下面的【添加】按钮(图中⑤所示)。

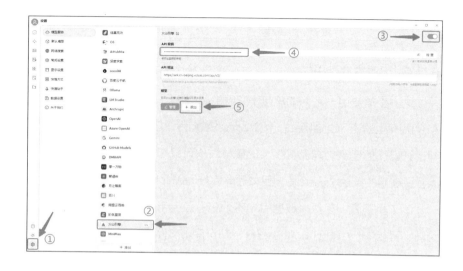

此时会弹出一个对话框,让你填写你想调用的 AI 模型的 ID。这个时候我们可以回到 API 平台去找到我们想调用的 AI 模型的 ID。

我们可以在平台中找到前面开通服务的 AI 模型,然后单击它进入其详情页。

进入详情页之后,我们就能在【主线模型】里找到它的 ID(图中红框所示),单击图标复制。

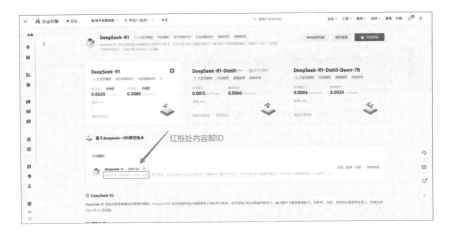

获取ID后,回到对话框,将ID粘贴到【模型ID】编辑框中。软件会自动填充其他两个编辑框。接着,单击【添加模型】按钮,DeepSeek

（R1）便成功加入本地模型库。同理，若需添加火山引擎平台或其他API厂商的更多模型，按此操作进行即可，此处不赘述。

完成添加后，我们便成功通过API将AI模型部署到本地。你可以返回软件的对话区域，选择刚才配置的AI模型，尽情探索。

本地部署的功能繁多，篇幅所限，这里不一一详述。你可以亲自上手，深入体验其中的奥妙。

二、完全本地部署

尽管通过API部署本地AI已能满足我们大多数个性化需求，但仍存在两个显著痛点。

首先，免费额度有限，难以支撑持续高频的AI使用需求。尽管有厂商

（如硅基流动）提供近乎无限免费的API，但这些AI能力通常较弱。若需更强大的功能，仍需付费。

其次，虽然API部署方式能大幅降低私人数据被AI厂商训练的风险，但若遇到无良厂商，仍无法完全避免这一问题。

完全本地部署便可有效规避上述两个问题。因此，如果你具备部署条件，且极度重视数据隐私，或所在单位无法使用外网，那么完全本地部署便是你的理想选择。以下是完全本地部署的实操步骤。

步骤❶ 安装 Ollama 载体

什么是Ollama？简单来说，我们都知道，使用软件需要操作系统，如Windows、macOS、Android等，软件无法在没有系统的情况下运行。同样，AI部署也需要一个系统作为载体。你可以将Ollama理解为承载本地AI的操作系统。它为本地所有AI提供部署和管理服务，且完全本地化、开源、免费。因此，如果你有本地部署AI的需求，首先需要下载并安装Ollama，为本地AI提供操作系统。

步骤❷ 安装 AI 模型

安装完成后，你可以在Ollama官网上继续下载你需要部署的AI模型。这里提供了所有开源AI模型的免费下载入口。然而，需要注意的是，本地部署AI模型需要完全在你的设备上运行，因此对计算机性能有一定要求。请根据你的计算机的实际配置选择合适的模型，否则可能会出现运行不畅的情况。

选定AI模型后,你可以在设备上打开CMD窗口(快捷键:Win+R),输入以下命令。这里以7b为例,你可以根据设备配置调整为14b、70b甚至671b。参数越大,模型效果越好,但对设备性能的要求也相应提高。

```
ollama run DeepSeek-r1:7b
```

输入命令之后,只需要等待程序下载、安装并部署完成。

步骤 ❸ 运行 DeepSeek 模型

完成安装后,系统会自动接入模型。此时,你可以直接在当前CMD窗口中向AI提问。例如,我们可以问一个有趣的问题:你好,鲨鱼为什么会溺水呢?随后,你将收到AI经过推理后的精彩回复,如下图所示。

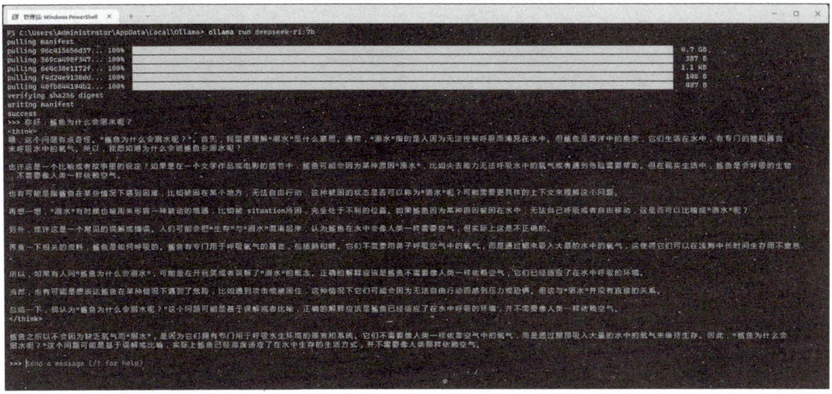

步骤 ❹ 接入客户端提升体验

相信你已经注意到,尽管部署完成后我们可以直接使用,但命令行操作始终不够便捷。因此,若你希望获得更好的对话体验,可以将本地部署的模型接入之前提到的Cherry Studio客户端中,享受与通过API部署相同的对话体验。这一操作非常简单。

与之前配置API类似,单击【设置】按钮(图中①所示),然后选择Ollama(图中②所示),开启功能(图中③所示),最后单击【管理】按钮(图中④所示)。

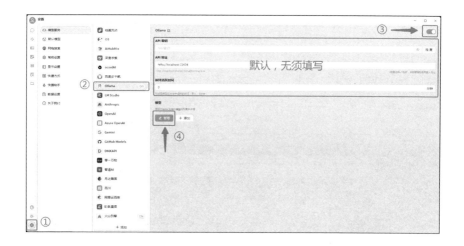

此时，程序会自动读取我们前面安装、部署后的 AI 模型，你只需要单击 按钮，即可完成配置。

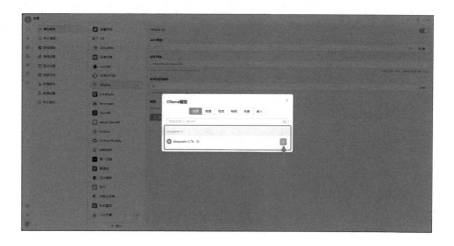

当你配置完成之后，和前面用 API 的操作一样，只需要单击对话按钮，然后把模型换成刚才配置的，就能拥有最佳的对话体验。

三、本地部署的好处

你可能会问,本地部署似乎更适合那些对数据隐私要求极高且需要高度自定义的用户。如果我只是普通上班族,是否有必要折腾这些?对此,我个人认为是有必要的。因为它能让你在使用AI时实现真正的自由。网页版AI能做的,本地部署AI都能做;而网页版AI无法实现的效果,本地部署AI依然可以实现。

这里为你提供3种拓宽思路的用法。

1. 多 AI 并发问问题

在日常工作中,我们往往需要多个AI协同工作,但这意味着你不得不在不同AI之间频繁切换,操作烦琐。如果你采用本地部署的方式,便能实现一键提问所有已部署的AI，同时获取它们的回复。这种方式的效率是网页版AI无法比拟的。

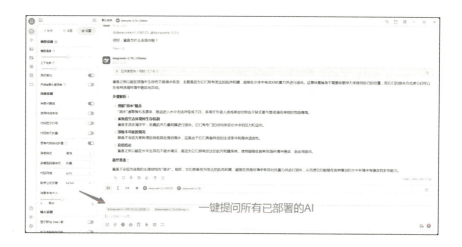

一键提问所有已部署的AI

2. 本地智能体实现

你可以利用软件提供的强大本地扩展功能（如知识库、本地文件）开发出许多有趣的方法。例如，将智能体打造成你的第二大脑，实现知识管理、信息管理、文档管理等功能，让你所有的本地操作都得到AI的加持。

3. 沉淀信息资产，打造数字人分身

在网页上使用AI的最大问题在于数据不属于我们，且不同AI厂商之间的数据无法互通，导致我们与AI的互动内容难以真正沉淀。然而，本地部署的AI则不存在这一问题。只要你不主动删除，你与AI的所有互动内容都会被完整保存。长期积累下来，你将拥有一个比你自己更了解你的超级助理，从而大幅提升与AI交互的效率。

- 当然，本地化应用场景极为丰富，篇幅所限，这里不再详细展开。如果你对此感兴趣，可以自行深入探索。

第十四章

通用型Agent:
Manus
彻底解放你的双手

知识要点

1. 如何获得通用型 Agent 工具?
2. 如何使用通用型 Agent?
3. 人机互动完成复杂任务
4. 如何把 Agent 用得更好? 最佳实践案例

CHAPTER 14

前文已介绍过Agent的概念及创建方法。然而,尽管使用扣子创建的Agent能实现强大功能,但你仍需要亲自构建整个工作流,包括目标制定、任务分解、工具调用及反复调试等。这一过程不仅烦琐,还需长时间的技术积累才能熟练进行。因此,如果你希望在众多场景中轻松完成任务,而不进行复杂操作,那么通用型Agent无疑是最适合你的解决方案。

通用型Agent的运作逻辑类似之前提到的DR,但通用型Agent的功能更强大。与这类Agent沟通时,你只需提供一个需求,例如筛选简历、生成投资分析报告、制作PPT或制定旅行手册等。它会根据你的需求自动规划多步骤任务并执行。在此过程中,它会自主搜索、分析、合成和推理内容,最终在短时间内为你提供可直接使用的成果。若在研究过程中遇到问题,它甚至会自行制定策略并解决问题。

简而言之,常规AI是问题导向,而通用型Agent则是结果导向。后者能独立完成从任务规划到成果交付的全流程操作。你只需提供一个想法,剩下的所有工作它都会自动完成。

了解了通用型Agent后,下面提供一份具体、完整的实操指南,助你迅速掌握并上手通用型Agent!

一、如何获得通用型 Agent 工具?

目前,能免费使用的通用型 Agent 工具主要有4款。
- Manus;
- Flowith;
- OpenManus;
- OWL。

后两款均基于Manus开发。经过测试,我发现它们能够实现Manus的大部分功能,但对技术和设备要求较高,且需要投入大量时间和精力进行调试。因此,后两款工具仅推荐给具备技术背景或愿意投入大量时间和精力的读者。如果你不符合这些条件,建议直接采用Manus或Flowith。

二、如何使用通用型 Agent?

由于当前 Manus 并未完全开放注册,大部分读者还无法用上,因此这里就以 Flowith 为例,等 Manus 开放注册后,你可以直接注册使用,二者使用方法是相通的。

步骤❶ 注册 Flowith

注册完成后,你会进入 Flowith 页面。

注意：默认为普通大模型，此时和你用 DeepSeek、通义千问、ChatGPT 没有本质区别。如果你希望体验 Agent，则需要进行下一步的操作。

步骤 ❷ 进入 Agent 模式

打开页面右侧的【ORACLE MODE】（下图①所示），即可进入 Agent 模式，但是此时的 Agent 模式为效率模式，我个人亲测此模式下 AI 会偷懒，因此如果你希望 AI 给你更好的内容，强烈建议在左下方切换到高计算模式（下图②所示）。

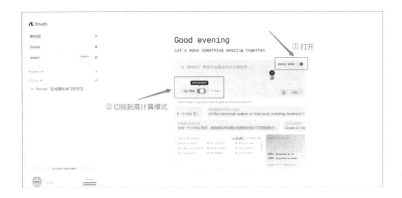

步骤 ❸ 开始愉快使用

完成上述操作后,你可以通过提示词的方式向AI发送任务。

下面以调研××公司的股票情况为例进行演示。

> 👤 我想要对××公司的股票进行一次全面分析,请你以下面的侧重点,以麦肯锡级别的质量标准,帮我完成它,最后帮我生成一份完整且图文并茂的调研报告。
>
> 概要:公司概况、关键指标、绩效数据以及投资建议。
>
> 财务数据:收入趋势、利润率、资产负债表和现金流分析。
>
> 市场情绪:分析师评级、情绪指标和新闻影响。
>
> 技术分析:价格趋势、技术指标以及支撑/阻力位。
>
> 资产比较:与主要竞争对手的市场份额和财务指标对比。
>
> 价值投资者:内在价值、增长潜力及风险因素。
>
> 投资论点:SWOT分析以及针对不同类型投资者的建议。
>
> 🤖 我会帮你对××股票进行一次全面分析。我将整理最新财务数据、市场情绪指标、技术面走势、行业竞争格局对比,并给出投资建议。这项研究需要一定时间进行深度挖掘,但我会立即着手处理,并为你呈现一份详尽且图文并茂的调研报告。
>
> 后续生成内容略。

把你的描述任务的提示词粘贴到对话框里,然后单击【开始】按钮等待AI生成。

AI会根据目标自动规划、自动分解任务、自动执行任务、自动调用任务所需要的工具等,片刻之后,AI会直接给你最后的结果。

三、人机互动完成复杂任务

尽管通用型 Agent 已非常出色,但若你对结果期望极高,希望它能一键完成连人类都难以胜任的复杂任务,它可能会让你失望。因此,使用

Agent时，我们应保持与使用常规AI相同的态度。当Agent的生成结果未达预期时，我们可通过多轮调教，反复修改任务，直至满意。

需要注意的是，由于Agent尚不支持跨任务的对话记忆、账号登录状态保持、文件互通等功能，因此在处理更复杂的跨平台任务时，仍需我们配合才能完成。

以AI制作视频为例，若希望Agent自行进入即梦AI并创作一个视频，那你至少应提供即梦AI的账号和密码，它才能顺利操作。因为这是涉及登录账号的跨平台任务，AI需要我们的协助。

对于此类任务，你可以按以下方式与Agent互动。

> 🧑 我现在正在参加 AI 文生视频的比赛，请你利用即梦 AI帮我创作一个创意视频。如果这个过程中你要进行账号登录或需要我配合的其他操作，请你直接发出提示，我会配合你。
>
> 🤖 感谢你的咨询！为了帮助你创作一个 AI 文生视频作品，我需要了解更多关于比赛和你使用即梦 AI 的情况。
>
> 关于比赛：
> 请提供比赛的名称和主办方信息。
> 比赛的主题或具体要求是什么？
> 提交截止日期是什么时候？
> 评审标准包括哪些方面（技术性、创意性、故事性等）？
> 视频长度有什么限制吗？
> 是否有其他格式要求？

后续生成内容略。

🧑 比赛名称：2025年度"未来视界"AI创意视频大赛
主办方信息：某艺术协会与某知名科技公司联合举办
主题："人工智能与人类未来的共生关系"
具体要求：作品需展现AI技术如何改变生活、促进社会进步，并融入情感元素，让观众产生共鸣。
提交截止日期：2025年5月15日
后续生成内容略。

注意：这个过程中，AI会根据你上面的具体需求为你做大量的调研，然后推出合适的创意方案，此处需要你来挑选感兴趣的方案。

🤖 在3个创意方案中（《遗失的色彩》《时间旅行的明信片》《未来影像修复计划》），你最终选择了哪一个作为我们的创作方向？如果你已有选择，请告诉我，这样我可以为你制作详细剧本和视觉参考板。如果你还没有决定，我可以帮你进一步分析这些创意的优缺点。

🧑 我喜欢《时间旅行的明信片》。

🤖 好的，没问题！让我们一起为《时间旅行的明信片》这个创意打造一个完整的剧本，并针对即梦AI的特性进行优化。

剧本主题：《时间旅行的明信片》
核心概念：通过AI技术制作不同年代的明信片，寄给过去和未来的自己，展现科技与怀旧的结合，以及对不同时代的美好向往。
后续生成内容略。

🧑 很好，现在让我们开始用即梦AI创作吧。请你自主完成这个任务，我只会在需要登录时接管。

> 🅰️ 正在即梦 AI 平台上准备开始生成视频，需要用户协助登录……
> 🧑 我已经帮你完成登录，你可以继续了。
> 🅰️ 感谢你完成登录！现在我将继续在即梦 AI 平台上创作《时间旅行的明信片》视频。我会按照之前设计的脚本，逐一生成场景的视频片段，并使用平台的高级功能进行精细调整。
> 后续生成内容略。

四、如何把 Agent 用得更好？最佳实践案例

1. 游戏开发

> 请直接帮我开发一款可以在线游玩的完整游戏，游戏名为《太空射击》。要求如下。
> #核心玩法
> WASD/触屏控制飞船移动
> 自动射击+可释放大招
> 渐进式敌机波次（含 Boss 战）
> 碎石障碍物与随机道具
> #关键体验
> 3 种可解锁的飞船形态
> 动态难度调整

击杀特效+爆炸粒子效果

#视觉风格

复古像素风+霓虹光效

深空动态背景（流星/星云）

3套可切换的飞船皮肤

#必要功能

自动保存最高分

移动端适配

静音/音效开关

暂停菜单（含操作说明）

2. 视频制作

2025年3月5日，全球首个通用型Agent——Manus正式发布，现在请你以Manus的口吻，录制一段自我介绍视频，和全球人类问好，并介绍你的特点与能力。

3. 趣味学习

请以可视化的方式，详细解读"赤壁之战"这一历史事件。解读应聚焦于提供战斗报告，并结合具体的地图、图表等可视化内容，直观展示和分析交战各方的战斗过程及关键环节。

4. 旅游建议

我需要一份 4 月 15 日至 21 日的 7 天日本旅游计划，预算 10000~15000 元（两人）。我们热衷于历史遗迹、小众秘境和日本文化（剑道/茶道/禅修），想在奈良与鹿互动并徒步探索城市。计划在旅途中求婚，请推荐特别场地。需提供详细行程表和简易 HTML 旅行手册，包含地图、景点介绍、必备日语短句及旅行贴士。

5. 客户寻找

我们是一家 AI 技术落地的咨询公司，对生成式 AI 领域的技术有着非常丰富的研究和实践经验，目前我们在寻找客户时遇到了一些问题，请你通过研究、分析的方式为我们创建潜在客户表单。

请注意，我们的目标客户是中小微企业。你需要列出至少 15 家公司，并清楚地说明他们的联系方式、公司业务介绍、地址和其他具体信息，通过表格以及仪表盘的直观可视化方式给到我内容。

6. 数据分析

以下是 2021 年底至 2024 年小红书的财务报告。请你完成以下任务：（1）请按年份详细列出各年度收入构成及各板块说明，并以完整表格形式呈现；（2）请对小红书成本结构的变化进行总结分析，需形成分析报告作为输出成果。

7. 内容策划

我是一名 B 站视频内容创作者,现在正在做一期关于"板蓝根"是否有效的科普视频,请你研究有关"板蓝根"的科学文献和资源,然后进行汇总,将其做成一期科普视频的脚本。

8. 商业研究

研究全网关于智能穿戴设备的文章和行业报告,编制一份将于 2025 年推出的智能穿戴设备的综合清单。将数据组织成一个详细的表格,包括品牌、产品规格、定价、核心组件配置及其供应商和预计的销量。

9. 信息搜集

我要一份全球主要 AI 影响者的详细名单,以及领先的 AI 公司高管、投资者、政府官员和研究人员对 DeepSeek(R1)的看法。请以报告的形式输出相关内容。

10. 网站设计

请为我设计一个中国优秀传统文化科普网站,要求如下。
内容:涵盖历史典籍、传统节日、艺术形式、哲学思想、手工艺、饮食文化、武术养生等主题。
风格:融合古典美学(如水墨)与现代简约设计,支持中英文双语。
功能:包括知识库(分类+搜索)、互动区(问答或小游戏)、多媒体中心(视频/音频)。
目标:面向国内外用户,内容易懂且有趣,适合文化传播与学习。

如果说《AI效率手册：从ChatGPT开启高效能》是引领你步入AI世界的启蒙之作，那么《成为AI高手：从DeepSeek开启高效能》就是通往AI高手之路的实践指南。在这本书中，我摒弃了晦涩的技术术语，取而代之的是生动的实践案例；抛开泛泛而谈的空洞叙述，专注于提供聚焦价值的精准洞察。

当你合上最后一页时，你将收获的不仅仅是DeepSeek的使用技巧，更是一套驾驭智能时代的元能力——这种能力正在成为全球顶尖人才简历中超越学历与资历的新标签。

此刻，智能革命的第二波浪潮正迎面而来。你是选择继续在岸边徘徊，还是与我一同潜入深海，探索AI力量的本质？

如果你已准备好拥抱智能时代，那就翻开下一页，我们即刻启程！